개정판

소통과 공감

농업의 공익형 직불제 정착과 팬데믹 극복의 길

코로나 19나 팬데믹에 우선 눈길이 가는 독자분이라면
108쪽의 제 6장부터 펼쳐 나가기 바랍니다.
그러다보면 농업의 공익적 기능이 궁금해지고
처음부터 읽게 되리라 믿지만…

개정판

소통과 공감

농업의 공익형 직불제 정착과 팬데믹 극복의 길

이내수 지음

농민신문사

인간 삶의 문제 해결 실마리, 농업에서 발견할 수 있다

2020년 우리 농업·농촌은 변화의 분기점을 맞았다. 새로이 도입되는 '공익형 직불금'은 우리 농정 기조를 전환하는 신호탄이다. 공익형 직불금은 농업·농촌의 '공익적 기능' 또는 '공익적 가치'를 전제로 한다. 이 용어는 2017년 농협을 중심으로 여러 농민 단체들이 힘을 모아 '농업·농촌의 공익적 가치 헌법 반영을 위한 국민 서명운동'을 대대적으로 전개하면서 많은 농민들의 관심을 끌었다.

당시 대부분 농민들은 공익적 기능이 헌법 조문에나 들어가는 추상적이고 생소한 용어의 하나일 뿐, 실제 영농과는 무관한 별개의 세계에 존재하는 것으로 이해했을 가능성이 크다. 그러나 이제 2020년부터는 농업 정책의 큰 축의 하나로 등장하는 공익형 직불금은 헌법이나 법률 조문의 하나이거나 논리적 이해의 대상이 아닌 영농 현장에 적용되는 현실적 과제로 다가오고 있다.

공익형 직불금 정책하에서는 '공익적 기능'이라는 실체가 이제부터는 모든 농민의 소득과 직결된다. 농민들이 이 직불금의 혜택을 받으려면 일정한 영농 수칙을 따를 의무가 수반되기 때문에 그 배경과 내용의 정확한 이해가 필요하다. 정책 내용을 알고 실천해야 하는 농민으로서는 귀찮을 수도 있지만 수동적 자세가 아닌 보람과 즐거움이 함께 하는 긍정과 능동의 자세로 이 정책을 맞이할 때 농업·농촌을 위해서만이 아니라 자기 발전에도 도움이 될 수 있다. 긍정과 능동의 적극적 자세를 갖추려면 정책 배경과 내용의 정확한 이해가 필수적이다.

2020년 1월, 우리나라에 코로나19가 상륙하였다. 이 무렵은 그해 5월에 있을 농업의 공익형 직불제의 공식적 출발을 앞두고 농업계로서는 그 준비에 한창 분주할 때였다. 물론 우리나라 농업 분야의 공익형 직불제 출발과 코로나19 질병의 등장이 같은 시기에 진행된 것은 우연일 것이다.

그러나 코로나19 팬데믹(세계적 대유행)은 전 세계 모든 나라에 공통된

개정판을 펴내며

사건이지만 그해에 농업의 공익형 직불제를 출발시킨 나라는 아마 우리나라뿐일 것이다. 우리나라에서 두 사건의 시기적 일치가 혹시라도 어떤 의미가 있는지, 만일 있다면 그 의미가 무엇인지, 나아가서 그 우연한 일치로부터 배워야 할 교훈이 있는지 찾아보는 것은 헛된 노력만은 아닐 것이다.

농업·농촌의 공익적 기능에 등장하는 공익은 사회 전체의 이익을 의미하며, 농업·농촌을 구성하는 농민뿐만 아니라 비농업·도시를 구성하는 비농민을 포함한 사회 전체의 관심사로 대두될 것이다.

또한 현재 세계적 대유행이 진행 중인 코로나19의 경우는 그 전염성이 높기 때문에 감염자 자신의 문제만이 아니라 자기 주변, 자기 지역 뿐만 아니라 더 넓은 지역의 사회, 나라 전체의 건강, 즉 사회 전체의 관심사가 된다는 점에서 농업의 공익적 기능과 상통하는 특성을 공유하고 있다.

농업·농촌의 공익적 기능이 헌법 소원의 대상으로 등장하는가 하면 공익형 직불금이 핵심 농정 과제로 떠오르는 이유는 우리 농업·농촌 문제가 더 이상 농업·농촌만이 아니라 국가 전체의 문제가 될 만큼 그 심각성이 엄중해졌다는 의미로 받아들여야 한다.

소통과 공감

농업 · 농촌의 공익적 기능이 사회 주요 과제의 하나로 대두되는 시대에 이르면 농산물 소비자인 도시민으로서도 어떤 형태로든 농업 · 농촌과 맺어가는 관계가 한층 깊어지게 됨을 의미한다.

아직 우리 국민에게 생소한 용어인 '농업 · 농촌의 공익적 기능'에 어떻게 접근하면 농민과 소비자들이 그것을 쉽게 이해하며 긍정적으로 수용하고 참여토록 하는 것은 우리나라가 당면한 농업 · 농촌 문제의 해결을 위해 매우 중요하다.

여러 가지 가능한 접근 방법 중 하나로 저자는 '농민과 소비자 간의 공감의 영역'을 확보하는 길을 선택했다. 공감의 영역을 확보하는 길에는 누군가 그 길을 열기 위한 단초를 제공하는, 즉 주도적 기능을 담당하는 자가 있어야 하는데, 그 단초를 농업에서 찾아본 것이 이 책의 출발점이다.

농업 · 농촌의 공익적 기능을 실현하는 길에서 농민과 소비자 간의 공감의 영역을 넓게 확보할 때 우리 농업 · 농촌의 공익적 기능, 그리고 공익형 직불금 정책이 성공적으로 정착하고, 나아가서는 농업 · 농촌 문제를 풀어감에도 기여할 것으로 기대하는 마음에서 당초 이 책의 초판이 마련되었다.

그 후 2020년 초 이 책을 마무리할 시점에 등장한 코로나19가 팬데믹으로까지 번지는 어려움에 처하고 이를 헤쳐나가는 길에서 농업의 공익형 직불제에서 부각되는 농민의 역할이 활용되리라는 믿음에 이르게 되었다. 이는 사회 구성원 간의 소통의 길에서 농민이 주도적으로 소통의 길에 들어서고 넓혀나가는 기세가 생겨나서 사회 전체로 퍼져나갈 때 팬데믹 극복에도 기여하리라는 기대에까지 이르게 되었다는 의미이기도 하다.

　농업은 인간 생명이 태어나고 생명을 유지하는 기본 요소인 영양분을 공급할 뿐만 아니라, 인간의 기본 욕구 가운데 하나인 식욕을 충족하는 기능도 담당하고 있다.

　이렇게 인간 생명과 관련한 기본 요소를 농업이 제공한다면, 코로나19 등 지금까지 경험하지 못한 새롭고 어려운 과제에 당면하거나 인간 삶에서 서로 분열하며 갈등에 이르는 어려운 문제가 발생할 경우에도 그 해결의 실마리는 역시 농업 문제를 풀어가는 길과 같은 원리에서 찾아갈 수 있다는 기본 구상이 이 책을 관통하고 있다.

　사회 구성원들 간에서 서로 소통하며 상호 이해를 높이는 길은 물론 힘들고 긴 여정이다. 본인의 능력으로는 달성하기 힘든 어려운 과제로 착수하기에는 큰 용기가 필요했다. 그러나 그 가능성을 여는 조그마한 불씨라도 되기를 바라는 마음으로 이 개정판을 세상에 내놓는다.

2021년 12월 1일
연남동 사무실에서
저자 **이 내 수**

※ 이 책에서는 편의상 '농업 · 농촌의 공익적 기능' 또는 '농업 · 농촌의 공익형 직불금'을 각각 '농업의 공익적 기능' 또는 '농업의 공익형 직불금'과 동일한 의미로 혼용한다는 점에 양해를 바란다.

목 차

소통과 공감

농업의 공익형 직불제 정착과 팬데믹 극복의 길

1990년대 수출산업 도약과 농업 · 농촌의 좌절

1990년대 수출산업 도약과 농업 · 농촌의 좌절

오늘의 우리 경제는 수출산업 진흥을 앞세워 비약적인 발전을 이루었다. 무역의 활성화를 통한 세계경제 발전과 경제 질서 개편의 계기를 마련하기 위해 1995년 1월 1일 출범한 세계무역기구(WTO)는 세계 역사 흐름의 큰 변곡점을 마련하는 계기가 되었다.

특히 우리나라는 이 WTO에 가입하면서 세계경제 흐름에 더 적극적으로 합류하게 되었을 뿐만 아니라 산업구조 개편과 경제 발전 속도의 가속화는 물론, 전체 사회 · 문화적으로도 대변혁을 초래하게 된 계기가 되었다. 국가 경제 전체로는 발전의 도약대가 되었겠지만, WTO 체제가 모든 산업 분야와 지역이 균등하게 발전하는 데 기여할 수는 없고 경제 발전의 흐름 속에는 그늘진 곳이 생길 수밖에 없으며, 대표적인 그늘은 농업 분야에 드리워졌다.

WTO 가입과 그 체제하에서, 연이은 여러 나라와의 자유무역협정(FTA) 체결로 이익을 보는 산업과 지역 및 사람들이 존재하고 다른 한편에는 직접적으로 피해를 입게 되는 산업·지역과 사람들인 농업·농촌·농민이 존재할 때는, 진자로부터 후자에 대한 보상이 실현되어야만 한다. 이는 현실 세계를 유지하는 기본 골격으로서 사회정의의 입장에서도, 인간의 기본 심성에 깊숙이 자리하는 도덕적 측면에서도 지극히 당연한 일이다.

물론 농업·농촌의 충격 완화를 위해 국가 재정에 의한 42조 원에 이르는 농특세 지원과 연이은 농업 구조개선 지원 정책이 전개되어 상당 부분 그늘을 없애거나 완화하는 효과를 본 것은 사실이다. 그러나 농민의 입장에서는 아직도 어려움을 호소하는 목소리가 여기저기서 들려오고 있으며 앞으로의 전망도 더욱 어두워지고 있다.

농업은 그 특성상 단기간에 구조개선을 이룩하고 바람직한 발전 궤도에 올리기가 매우 어려울 수밖에 없다. 여건이 다른 다양한 지역과 여러 계층의 농민을 대상으로 하는 섬세한 정책을 단기간에 마련하는 데 따르는 어려움이 있을 뿐만 아니라, 중앙정부와 지방자치단체 간에 손발을 맞추는 행정 조율의 과제, 경제·사회·문화·교육 등 여러 요인이 복합적으로 혼재하는 농촌·농민의 현장 과제가 어느 하나 쉬운 것이 없음을 과거에는 물론 오늘에도 경험하고 있다.

산업으로서의 우리 농업과 사람으로서의 농민, 그리고 지역으로서의 농촌은 1945년 해방 이후 외화 부족으로 해외에서의 식량 구입이 불가능했던 위기에서, 우리 국민들의 배고픔과 영양 문제를 해결해온 산업이고 역군이며 또한 이를 뒷받침한 지역이다.

그러나 최근 우리나라 농업·농민·농촌이 겪고 있는 고난의 현실을 살펴보더라도, 그리고 앞으로 더욱 커질 것이 확실해지는 여러 일련의 닥쳐올 사태 등을 예측해볼 때 앞날은 더 어두워질 전망이다.

산업·지역·사람이 복합적으로 얽혀 있는 농업·농촌·농민 문제의 해결은 중앙정부 혼자만의 힘으로 가능한 것은 결코 아니다. 지방자치단체는 물론이고 여러 분야의 시민 단체(NGO), 여러 공공 기관, 그리고 협동조합과 기업체 등 다양한 조직체의 협조와 능동적 역할이 있어야만 해결할 수 있는 힘든 과제임에 틀림없다.

농업·농촌 문제 해결을 위해 여러 가지 접근과 방법이 시도된다. 어떤것은 좋은 성과를 거두고, 어떤 정책은 이렇다 할 성과가 진전이 없이 유야무야되고 만다. 최근 논의되고 시도된 여러 정책 중 지자체가 중심이 된 '고향세' 추진, 기업들을 앞세운 '무역이득 공유제'와 '고향사랑 상생기금' 등 아직도 관심과 초점이 되는 몇가지 정책들의 추진 경과를 소개한다.

가. 고향세 도입 과정에서의 어려운 고비

고향세는 수출 활성화로 이익을 보는 기업체와 그 종업원이 도시지역에 집중 거주한다는 점에 착안해서, 도시지역의 지방자치단체 거주민이 납부하는 지방세의 일부를 활용하여 농촌 지역 지방자치단체의 재정을 보충해주는 기본 구도를 갖는다. 즉 수출 활성화로 이익을 보는 기업들이 주로 소재하는 지역의 지자체와 손실을 입게 되는 농업 등이 소재하는 지자체 간에 지방세를 직접 주고받아서 지역 간의 발전 격차를 줄이고자 하는 구도이다.

그 구체적인 추진 방법은 수도권 등 대도시 지역의 거주민이 재정 자립도가 낮은 농촌 지역 지자체에 기부금을 제공할 수 있고, 이때 일정 금액까지는 전액 세액공제하고 이를 초과하는 부분에 대해서는 일정 비율 세액공제하는 구도이다.

이 제도를 우리나라에서 논의하게 된 배경에는 일본에서 이 제도가 2008년부터 시작되어 2018년에는 그 규모가 2,845억 엔(약 2조 9천억 원)에 이를 정도로 활성화되었다는 사실이 있었다.

우리의 경우 도시와 지방 간의 발전 격차가 커지면서 열악한 지자체의 경우 재정 자립도가 2018년 20% 수준에 머무는 반면, 여건이 양호한 대도시 지역은 80%에 달하여 지자체 간에 격심한 격차를 보이게 되었다. 이에 중앙정부의 개입 없이 지자체 간에 재정 자립도 격차를 직접 해결하기 위한 노력의 일환이 고향세 도입이다.

일본의 예에서 보면, 고향세가 갖는 지역 경제 활성화의 또 다른 요소는 기부를 행하는 기부자에게 지역 농특산물을 답례품으로 제공함으로써 농어촌 지역 경제 활성화에 직접적인 파급 효과를 거둘 수 있다는 점이다. 지방 경제 활성화에 도움을 주는 이 고향세 제도가 2021년 9월

소통과 공감

28일 국회 본의회의 문턱을 넘어 확정되기까지에는 여러 고비의 험난한 고개를 넘어 10년을 훌쩍 넘기는 긴 시간이 소요됐다.

이 제도의 확정까지 길고 험난한 길을 거치게 된 배경은, 이 제도의 도입으로 지방세 감소의 손실을 입게 되는 도시지역 지자체의 암묵적인 반대가 있기 때문이지만, 결국은 농업·농촌을 지원하고자 하는 정부와 국회의 의지가 그 반대 압력을 극복할 만큼 강력하지 못한 점에서 찾을 수밖에 없을 것이다. 즉 농업·농촌에 대한 국민의 이해와 성원의 힘이 국회와 정부에 강력한 영향을 주고, 그 반대 압력을 극복할 만큼 전체 소비자와 농민과의 소통의 길이 크게 열리지 못한 기본적 배경이 있기 때문이라고 분석할 수 있다.

나. 수출 기업으로부터의 농업 직접 지원

2014년 당시 정부가 호주, 캐나다, 뉴질랜드 등 농축산 강국들과 FTA 체결을 추진할 즈음 농업계는 다시 한 번 위기의식에 휩싸이게 되었다. 이러한 농업계의 위기의식을 덜어주기 위한 대책으로 '무역이득공유제'가 논의되기에 이르렀다. 이 세금의 기본 취지는 FTA에 따른 수출 증대로 이익을 얻게 되는 기업으로부터 이익금의 일정액을 세금으로 징수해서 피해를 입은 농업 부문에 중앙정부가 직접 지원하는 재원을 마련하자는 것이다. 그러나 이 제도는 재계의 격렬한 반대로 오랫동안 실현되지 못하고 있었다.

가장 큰 반대 이유는 이익을 보는 업체는 이익에 따르는 여러 형태의 세금을 이미 납부한다는 것이며, FTA로 인한 수출 업체의 구체적인 이익 증가분을 산출하는 어려움도 또한 없지 않다는 주장이다. 이 밖에도 농산물 수입 증대로 인한 생필품 가격 인하에 따르는 이익이 소비자인 국민 모두에게 이미 실현되고 있다는 논리도 내세우고 있었다.

이와 같이 무역이득 공유제가 실현되지 못하는 중에 2015년 11월 한 · 중 FTA 체결을 앞두고 무역이득 공유제의 대안으로 떠오른 것이 '농어촌 상생 협력기금(약칭 '농어촌 상생기금')'이다. 이 기금은 FTA로 이익을 보는 기업이 강제 성격의 세금 납부 대신 자발적 기부에 참여하여 농업계의 피해를 보전한다는 취지에서 2017년부터 시행되고 있다. 무역이득 공유제의 특성인 기업체 강제 납부라는 부담을 덜기 위해 자진 참여라는 취지로 이 기금이 출발은 했지만, 참여율이 너무 저조해서 실현성에 의문을 던지고 있다.

매년 1천억 원씩 조성하여 10년간 1조 원을 목표로 하였으나, 2020년까지 조성한 누적 실적은 1,241억 원으로 연평균 300억 원 수준에 불과하며, 그나마도 대부분 공기업의 실적이고 민간 기업의 출연액은 겨우 68억 원에 불과하다. 매년 수십조 원에 이르는 영업이익을 내는 대기업도 등장했고, 그 이익 실현이 FTA로 가능했다는 엄연한 사실과 그 이면에는 농업의 희생이 있었다는 분명한 인과관계를 잊은 채, 그 기업의 1년 출연 규모가 1억~2억 원 수준에 그치는 현상을 농민들로서는 어떻게 받아들여야 할지 참담할 수밖에 없는 현실이다.

2018년 10월 국회의 농림축산식품부 소관 국정감사 현장에 증인으로 출석한 우리나라 대표적 수출 기업 중 하나인 어느 회사의 임원이 말한, '수출의 수혜 기업으로서 피해 보는 농업 지원을 위해 기금 조성의 목적에 대한 이해가 부족하였다'라는 요지의 발언은 바로 농업을 생각하는 도시 소비자들과 수출 기업 임직원들이 농업을 생각하는 기본 자세를 잘 대변하고 있다. 이어서 그 임원이 앞으로 전향적으로 기금 출연을 검토하겠다고 한 약속은 지켜지지 않았으며, 몇십조 원에 이르는 수익에 비해 언급하기 부끄러운 기금 출연 실적은 농업·농촌의 어려움과 그 어려움을 초래한 원인에 대한 이해가 어떠한 수준인지를 보여주면서 농민의 서운함을 더해주고 있다.

다. 정부 예산에 의한 농업·농촌 지원

농업·농촌 지원을 위한 고향세 제도나 무역이득 공유제가 무성한 논의에 비해 험난한 과정을 거쳐가는 현실에서 중앙정부 예산에 의한 직접 지원 현황은 어떠한지를 살펴보기로 하자. 사실 중앙정부가 존재하는 기본 목적의 하나는 개인이나 지방자치단체만으로는 해결할 수 없는 산업 간·지역 간의 균형 있는 적절한 발전을 도모하는 것이다.

지금까지의 정부 예산에서 농식품부가 차지하는 비중은 매년 꾸준하게 감소해오고 있는데, 그 감소 비율이 전체 국민총생산(GNP)에서 차지하는 농림업 감소 속도는 물론이고 전체 인구 중 농림업 인구의 감소 속도보다 가파르게 나타나 농림업 홀대가 객관적으로 입증되고 있다.

농업·농촌을 위한 정부 예산은 농식품부 예산에만 편성되는 것도 아니며 건설부, 교통부, 보건복지부와 행정자치부 등 각 소관별로 여러 부처에 걸쳐 편성되어 있기는 하지만 농업 생산과 직접 관련된 예산은 농식품부 예산에 편성되기 때문에 농업에 대한 정부의 의지를 판단하는 기준이 될 수 있다.

2021년 9월 정기국회에서 논의 중인 2022년도 정부 예산 중 농식품부 예산은 16조 7천억 원으로 전체 국가 예산 604조 4천억 원의 2.76%를 차지한다. 전체 예산 중 농식품부 예산 비중인 2017년 3.62%에서 2018년 3.38%를 거쳐 연이어 축소되어 2021년에는 처음으로 2%대인 2.92%까지 낮아졌고 내년에는 더 감소할 전망이다.

정부가 앞으로의 장기 방향을 담아 마련한 '국가재정 운용계획'을 보면 이러한 농업 예산 홀대는 계속될 것으로 보이며, 농업·농촌에 대한 배려 의지는 전혀 찾아볼 수 없다. 즉 그 계획에 따르면 2019~2023년 국가 전체 예산은 연평균 6.5%씩 증가해갈 전망이나, 농림수산식품 분야는 2.6% 증가에 그쳐 FTA로 피해를 보는 농업 부문에 대한 보상 의지가 취약한 것으로 해석할 수 있다.

정부는 물론이고 FTA로 이익을 본 수출 기업들도 농업·농촌 지원을 위한 의지가 미미하다는 것은, 전체 국민의 민의를 바탕으로 정권

소통과 공감

이 선택되고 운영되는 민주주의 체제에서, 결국 전체 국민의 90%를 넘는 도시 거주자와 96%를 점하는 비농민인 농산물 소비자의 마음속에 농업·농촌에 대한 배려가 미흡하고 지원의 의지도 미미하다는 데에서 그 원인(遠因)을 찾을 수 있을 것이다.

라. 소비자의 농업·농촌 지원 배려가 미흡한 배경

우리 농업·농촌의 상대적 낙후와 농민의 상대적 빈곤의 기본 원인은 여러 가지가 있을 수 있으나, 최근의 상황에서 가장 직접적 원인이 된 것은 WTO 체제의 출범과 연이은 농업 수출 강국과의 FTA 체결로, 한편에서는 농산물 수입 자유화가 급진전되고 다른 쪽에서는 농업 보조금마저 감축되는 기조가 이어오고 있기 때문이라는 것은 누구도 부인할 수 없는 명백한 사실이다.

이와 같이 농업·농촌의 객관적 여건이 불리해지는 중에 정부의 농업 부문 지원마저 감소하는 원인 중 하나는 일반 국민의 마음속에 자리잡고 있는 농업·농촌에 대한 배려의 미흡일 것이다. 그리고 이 국민 배려가 미흡해지는 이면에는 농업·농촌에 대한 부정적 시각이 존재함을 부인할 수 없을 것이다.

소비자로 하여금 농업·농촌에 부정적 시각을 갖게 하는 요인의 하나는 환경오염과 관계되었을 것으로 추측할 수 있다. 화학비료 과다 사용에 따르는 토양오염에 대한 걱정은 농업을 보는 국민을 불안하게 한다. 2015년 기준 우리나라 질소 소비량은 ha당 222kg, 인(燐) 소비량은 46kg으로 경제협력개발기구(OECD) 회원국 중 각각 1·2위이다. 그 결과 토양 성분의 물리적 특성을 악화시키면서 국민들의 농업에 대한 부정적 인식을 높이고 있다.

한편 가축전염병과 살처분 이후의 노지 매장, 축산 분뇨에 의한 환경오염 사례가 끊임없이 이어지고 있다. 2000년 이후 조류독감은 7번, 구제역은 8번 발생했는데, 특히 2010~2011년에는 구제역이 집중 발생하여 3,480만 마리를 살처분하였으며 이때 2조 7,383억 원의 재정이 소요되기도 하였다(김태훈. 공익형 직불제 어떻게 접근할 것인가?. 농업·농촌의 뉴웨이브(New Wave) 르네상스는 올까?, p.221, 농업·농촌의 길 2019 조직위원회). 2019년 아프리카돼지열병(African Swine Fever, ASF)의 경우 11월 초까지 14건이 발생해 261개 농장의 돼지 43만 마리 이상이 살처분되었으며, 야생 멧돼지에서 ASF 바이러스가 2020년 2월 현재까지 연속해서 검출되고 있어서 국민을 불안하게 하고 있다.

또한 도시 소비자들의 기억 속에는 정부의 농업 투·융자에 대한 부정적인 인식이 자리하고 있는 것이 사실이다. 1995년 WTO 체제가 출범하고 뒤이어 주요 농산물 수출국인 미국, 중남미 제국, 중국 등과의 FTA가 연이어 체결되면서 관세율 인하를 무기로 한 외국 농산물의 수입이 급증하게 되었다. 이에 국내 농산물 가격 하락으로 고통 받는 농민을 위해 42조 원 농특세 사업과 연이은 농업 구조개선 사업 등에 따라 단기간 내 농업·농촌을 위한 집중 투자가 이루어졌다.

농업·농촌의 발전은 단기간에 성취할 수 없다는 특성이 있는데 이런 특성을 무시한 채 단기간 내 집중하는 농업 투·융자의 현장에는 빈틈이 생기게 되며, 이를 노려 지원 자금을 오용하는 부정 수급자가 발생하는 부작용이 일어나게 된다. 한때는 농촌을 위한 정부 돈은 '눈먼 돈'이라는 표현까지도 등장하게 될 정도로 정부의 농업·농촌 지원에 대한 부정적 인식이 국민들 사이에서 있었던 것도 인정하지 않을 수 없다.

우리보다 앞서 선진국에 도달한 국가에서는 농업 구조의 변화와 발전이 수백 년에 이르는 장기간에 걸쳐 충분한 시간적 여유 속에서 성취되었으나, 우리의 경우 세계에서 유례없는 단기간에 걸친 압축 성장 과정을 거치면서 농업·농촌의 특수성을 제대로 반영하지 못한 취약점을 갖게 된 것이다. 이러한 우리 농업·농촌의 특수 사정을 모든 국민들이 이해하는 것은 결코 쉬운 일이 아니며, 그 결과로 이어지는 국민들의 부정적 시각으로 선의의 농민들은 피해를 보기에 이른 것이다.

도시 생활자의 일상이 시간을 다투는 바쁜 일들로 가득 차고 현대 생활 형태가 점점 복잡해지면서, 농업·농촌의 다양성과 농민의 어려움을 이해하기 위한 시간 여유를 내기가 힘들어지고 또한 시간을 할애할 마음의 여유가 사라지는 것도, 국민 여론이 불리해지는 또 다른 배경이 된다. 이 밖에도 도시민들이 농촌을 떠난 이후의 시간이 길어지고 도시 거주자의 농촌 가족 방문 횟수나 머무는 시간의 감소 등 농촌 거주 가족과의 접촉 빈도가 시간이 지남에 따라 계속해서 줄어드는 것도, 농촌에 대한 관심과 이해를 감소시키는 또 다른 요인이 될 수 있다. 접촉 기회가 감소하고 시야에서 점차 사라지게 되면 기억에서 사라지며 배려의 대상에서 멀어질 가능성이 높아지게 된다.

　이와 같이 우리 농업·농촌은 구조적인 어려움뿐만 아니라, 국민들의 농업에 대한 부정적 시각을 극복해야 하는 힘든 과제를 안게 되는 이중 삼중의 만만찮은 어려움에 빠져들게 되었다.

우리보다 앞서 선진국에 도달한 국가에서는
농업 구조의 변화와 발전이 수백 년에 이르는
장기간에 걸쳐 충분한 시간적 여유 속에서
성취되었으나, 우리의 경우 세계에서 유례없는
단기간에 걸친 압축 성장 과정을 거치면서
농업·농촌의 특수성을 제대로 반영하지 못한
취약점을 갖게 된 것이다.

개정판

소통과 공감

농업의 공익형 직불제 정착과 팬데믹 극복의 길

제 *2* 장

수입 개방 이후
농업 · 농촌의 고통과
대응 기조

제 2 장
수입 개방 이후
농업 · 농촌의 고통과 대응 기조

가. 소멸하는 농촌 사회의 생활 여건

통계청이 발표한 '2020년 농림어업 조사결과'를 보면 농가 인구의 급속한 감소와 심각한 고령화 추세 등 우리 농촌 사회의 암울한 현실이 극명하게 나타나고 있다.

2020년 12월 10일 기준 농가 인구는 232만 명으로 2015년에 비해 10%인 25만 명이 줄어들어, 2011년 농가 인구 300만 명 선이 무너진 후 이제는 200만 명 선을 위협하기에 이르렀다. 특히 고령화 추세가 더욱 두드러져서 농가 인구 중 65세 이상 고령 인구 비율은 41.3%로 전국 평균 16%의 1.5배를 넘어서고 있다. 더욱 심각한 것은 2018년 7,624명이었던 40세 미만의 농가 경영주인 청년농이 2019년에는 6,859명으로 1년 만에 10%나 급감했다는 사실이다.

이렇게 농가 인구가 급감하는 원인은 농가 소득 여건이 불리한 기본적인 원인노 있지만 교육 기회와 의료 시설 등 농촌 생활 여건이 불리하다는 것도 크게 작용하고 있다. 농촌 거주인들은 태어날 때는 분만 의료 시설의 부족으로, 유아기를 거쳐 자랄 때는 유아 돌봄 시설과 교육받을 학교 시설의 미흡으로, 그리고 일생을 마감하는 노년에 이르러서는 적절한 의료 시설의 부족으로 출생의 순간부터 일생을 마감하는 시점까지 평생에 걸쳐 고통이 지속되는 환경에 처한 것이 오늘의 농촌 현실이다.

농촌 생활의 어려움 중에서도 가장 안타까운 일은 생명을 책임지는 응급 의료 기관의 소멸이다. 응급 의료 기관으로 지정된 상당수의 농촌 종합병원들은 우선 경영난과 의사 및 종사원의 구인난, 의료 서비스의 질 저하 위기를 거쳐 공공 의료 기관 지정 취소와 정부 지원 중단에 이르렀다가 종국에는 폐원으로 결말을 맺는 비참한 과정을 거치고 있다. 보건복지부에 따르면 농촌 지역 중 응급 의료 기관이 단 한 곳도 없는 기초지방자치단체가 15곳에 이른다.

이러한 생활 여건의 낙후와 불리한 농촌 소득 기회가 맞물려 지방자치단체의 어려움이 나타나고 있다. 한국고용정보원이 2020년 6월 발표한 전국 228개 시·군·구 가운데 생활 여건 불리에 따른 공동체 소멸 위험 지역은 105곳으로 전 지역의 42%에 달한다. 지방의 어려움이 커져가는 가운데 농촌 활력의 중심이 되어야 할 청년층의 이주 의향이 높다는 것이 특히 염려스러운 일이다.

한국농촌경제연구원(KREI)의 삶의질정책연구센터 자료에 의하면, 농촌을 떠날 이주 의향이 있는 청년 비중은 40대 이상 농촌 인구의 응답률보다 20%포인트 정도 높은 73%에 이르고 있는 실정이다. 농촌 청년들은 농촌을 떠나고 싶은 이유로 교통 불편, 소득 경제활동의 불리한 여건, 문화·여가 등의 불리함 등 좀처럼 해결되기 어려운 점을 열거하고 있다.

강원도 철원군 근북면에 있는 어느 마을의 경우 109명의 주민 중 105명이 65세 이상의 노인이라는 사실은 농촌 마을 공동체 소멸의 정도가 얼마나 심각한지를 나타내는 사례일 뿐이다. 이 어려움 속에서 삶을 이어가고 있는 노인층에 속하지 않는 4명의 외로움은 어떠할 것이며, 그리고 대부분의 노인들이 얽어내는 소외감이나 적막감은 당사자가 아니면 표현할 수 없는 아픔일 것이다.

이렇게 빠른 속도로 진행되는 농촌 공동체 기능 소멸은 농촌 거주 당사자들의 고통만으로 끝나는 문제가 아니라 정상적 공동체 기능이 소멸하는 농촌 지역을 유지하기 위한 국가 재정 부담의 과중으로 이어지게 된다. 오지의 농촌 마을도 최소한의 공공서비스는 제공되어야 한다. 즉 최소한의 교통과 행정 서비스는 물론 복지·의료 등의 불가결한 국가 기능은 제공되어야 한다. 그 최소한의 유지관리 비용에 관한 2001년의 자료에는 대도시 주민 1인당 소요 예산은 43만 원인 반면 군 지역은 200만 원에 이르러 그 격차가 157만 원에 달하였지만, 2027년에는 그 격차가 900만 원을 초과할 것으로 추계되고 있다. 정상적 농촌 공동체 기능의 소멸 과정이 빠르게 진행되는 오지 마을 유지에 소요되는 최소한의 비용 증대는 지방 부담만으로 끝날 수는 없으며, 결국은 국가 전체의 소요 비용에 귀속될 수밖에 없다.

최근 새로운 꿈을 갖고 농촌으로 돌아오는 귀농 및 귀촌자가 늘어나는 현상은 농업·농촌에 활력을 불어넣는 희망의 소식이며, 특히 젊은 인력들이 농업에 뛰어드는 것은 환영할 만한 일이다. 그러나 아쉬운 점은 귀농하는 청장년층이 기존의 원주(原住) 농민들과 원만한 관계를 맺지 못하고 있어서 기존 마을의 활성화나 새로운 기풍을 만들어내기보다는 오히려 전체 농촌 사회의 위화감을 조성하며 농촌 지역 내 주민 간 갈등의 원인이 되고 있다는 점이다(38~39쪽의 '쉬어 가는 페이지' 참조).

이러한 갈등의 원인을 누가 제공하는지 그 책임을 규명하기보다는, 지금까지 거쳐온 각기의 배경이 다르기 때문에 발생하는 갈등의 문제로 받아들이며 과거 우리가 지켜왔던 농촌의 따스한 인간관계를 다시 회복하도록 힘써야 할 것이다.

정책 당국자는 관련 지방자치단체 및 관련 조직과 협조해서 귀농 희망자들이 기존 농촌 주민과 원만한 관계를 형성하고 화합하도록 각별한 관심을 갖고 필요 조치를 마련해야 한다. 우선 귀농 희망자의 특성을 사전에 파악해서 영농 교육과 정보만이 아니라 기존 마을 주민과 화합하는 데 필요한 사전 교육을 제공하며, 이들을 받아들이는 농민들에게도 열린 수용 자세를 갖추도록 힘써야 할 것이다.

정책 당국자는 관련 지방자치단체 및
관련 조직과 협조해서 귀농 희망자들이
기존 농촌 주민과 원만한 관계를
형성하고 화합하도록
각별한 관심을 갖고
필요 조치를 마련해야 한다.

고향 같은 농촌을 그리워하며

　우리 국민은 농촌을 생각하며 무엇을 떠올릴까? 흔히 아름다운 자연과 전통문화, 맛있는 먹을거리, 식생활의 터전, 외지인을 반갑게 맞아주는 인심을 연상할 것이다. 농촌에 가봤거나 살아본 경험이 있는 사람들은 더욱 이런 이미지를 갖고 있을 것이다.

　장인·장모의 고향이 남쪽 바다에 있는 전남 완도군 고금도. 결혼 전 어른들께 인사드리기 위해 처음으로 영암·강진 등을 거쳐 완도로 가는 길은 박목월 시인의 시 <나그네> 속 한 구절인 남도삼백리가 절로 생각날 정도로 아름다웠다. 그곳에선 언제 찾아가도 반갑게 맞이하며 편하게 대해주는 어르신들의 모습을 볼 수 있다.

　농촌의 포근한 이미지를 그린 모 방송프로그램을 본 적이 있다. 방송은 귀농·귀촌인 등을 통해 농촌이 여전히 국민의 고향이자 힘들고 어려울 때 기댈 수 있는 곳이라는 메시지를 전했다. 그런데 방송을 보고 있자니 뭔가 부족하다는 느낌이 들었다. 귀농·귀촌인의 삶과 원주민의 모습이 쉽게 동일시되지 않았기 때문이다.

　귀농·귀촌 인구가 증가하고 있는 상황에서 일부 도시민들 사이에서 들리는 이야기는 농촌이 폐쇄적이고 다른 지역에서 오는 사람들을 쉽게 받아들이지 않는다는 것이다. 지인 중 한 사람은 오랫동안 귀촌 생활을 했지만 여전히 마을 행사가 있으면 '귀촌인이 마을을 위해 무엇을 기부할까' 지켜보는 주민들의 시선이 부담스럽다고 한다. 농사를 짓고자 땅을 구하려고 해도 쉽게 얻을 수 없다고도 했다. 반면 어릴 때 농촌을 떠나 수십 년간 도시 생활을 하고 돌아온 사람은 쉽게 주민들과 동화되고 땅도 얻을 수 있다는 말을 들은 적이 있다. 이외에도 여러 전문가나 실무자들이 농촌을 살리고 농촌 주민 삶의 질을 높이기 위해 열심히 노력하고 있음에도 일부 농촌 관련 시민 단체 등이 배타적인 태도를 취하는 것을 목격하곤 한다. '농촌에 살아보지도 않은 사람들이 무엇을 알겠느냐'는 것이다.

물론 농촌 주민들 입장에선 이에 대해 다르게 생각할 수 있다. 열심히 농사를 지어도 도시민의 소득을 따라가지 못하고, 따뜻하게 맞아줬던 외지인이 원주민들에게 좋지 않은 행동을 하는 것을 보면서 원래 마을에 살던 사람들을 더 신뢰하고 편하게 생각할 수 있다. 농사와 농촌 생활 경험도 없으면서 마치 농촌에 대해 다 아는 것처럼 말하는 귀농·귀촌인들이 언짢게 느껴질 수도 있다. 하지만 서로 반목하며 협력하지 않고, 외지인을 주민으로 받아들이지 않는 이러한 모습이 과연 우리가 생각하던 농촌의 면모일까.

세계화를 통해 도시는 물론이고 농촌 곳곳에서 외국인 근로자와 결혼 이민자, 그 가족을 쉽게 만날 수 있는 시대다. 이들은 농업·농촌의 경쟁력을 높여주는 소중한 자원이다. 이제 농촌은 원주민뿐만 아니라 다른 생각과 모습을 가진 이웃들이 함께 생활하는 공간으로 변모하고 있다. 그 속에서 농촌의 배려 혹은 신뢰가 과거와 다르게 변해가고 있는 건 아닐까. 도시에서나 느껴지던 삭막함이 농촌에까지 번진 것은 아닌지 우려된다.

농촌다움이란 무엇일까. 우리가 익히 듣고 경험한 농촌다움은 언제든 가서 편히 쉴 수 있고 마음의 위안을 주는 고향 같은 이미지가 아닐까. 방송을 통해 본 농촌은 방문객들을 가족같이 보듬어주는, 아버지·어머니처럼 푸근한 곳이다. 이제는 방송에서뿐만 아니라 농촌을 생각하는 모든 사람에게도 따뜻한 포용을 보여주는 것, 그것이 바로 우리가 바라는 농촌다움이 아닐까 생각해본다.

김태완(한국보건사회연구원 포용복지연구단장)
농민신문, 2020년 2월 12일자

나. 농가 소득의 양극화 심화

지난 2020년 농가 평균 소득이 2019년에 비해 11%가 늘어난 4,503만 원으로 나타나 바람직한 결과이기는 하지만 농가 간 소득 양극화는 더욱 심화되는 문제점을 노정하고 있다.

즉 '농가 소득 5분위별 평균 소득' 자료에 따르면, 2019년 하위 20%(1분위) 농가 소득에 비한 상위 20%(5분위) 농가 소득 비율은 11배이다. 이 농가 소득의 5분위 배율은 2015년 9.5배, 2016년 9.6배, 2017년 9.4배 등 거의 변화가 없었으나 2019년에는 11배로 상·하위 농가 간의 소득 격차가 크게 확대된 것으로 나타나 주목된다.

상위 20%의 2018년 이후 농가 소득은 1억 원을 초과하는 약진을 보였지만, 하위 20%의 소득은 월평균으로는 77만 원 수준에 불과하여 2인 가구 최저생계비인 171만 원의 절반에도 미달하는 힘든 상황임을 보여주고 있다.

이러한 양극화 심화의 원인은 고령 농가의 영농 능력 저하에도 있겠지만, 농업 보조금의 차이에서도 쉽게 찾을 수 있다. 즉 2018년 농지 면적 10ha 이상 농가의 농업 보조금 평균 수급액은 2006년 468만 원에서 2015년 1,041만 원으로 2배 이상 늘어났지만, 0.5ha 미만 영세농의 수급액은 같은 기간 25만 원에서 27만 원으로 거의 동일 수준을 보인 것은 대농일수록 유리한 보조금을 받는 보조금 지급 정책의 문제점을 나타내고 있다. 물론 영세 소농들의 자조 능력을 스스로 키우려는 노력도 필요하겠지만, 그러한 노력을 뒷받침하는 맞춤형 정부 지원 정책도 동반되어야 할 것이다.

2019년의 경우에는 농림축산식품부가 농업 직불제, 시설 현대화 자금 등 농가 소득에 크게 영향을 주는 사업에 매년 투자하는 금액이 5조 원 이상에 이르고 있지만, 이 지원금이 경지 면적이나 생산 규모에 비례하고 있어서 농가 소득이 대농에 편중되는 현상을 오히려 촉진하는 결과를 빚어낸다. 이에 따라 농업 생산성 증대 정책과 농가 소득의 양극화 해소 정책이 조화와 균형을 이루어내야 하는 어려운 과제에 당면하게 된다.

다. 농민 고통에 대한 이해가 부족한 언론

농가 소득이 제자리에 머물면서 도시 가구와의 소득 격차가 더욱 벌어지고 교육, 의료, 교통 등 생활 조건이 불리한 것은 농민들의 고통을 불러오는 물리적·사회적 여건들이다. 이에 더해서 농민들의 비애를 더욱 깊게 하는 것은 농산물 가격 상승기와 하락기에 전하는 일반 언론 기관의 보도 행태이다.

일반적으로 농산물은 자연조건의 영향을 크게 받을 수밖에 없기 때문에 작황의 크고 작은 연차적 풍흉 현상의 반복이 일어나는 것은 불가피한 현상이다. 특정 작물의 생육조건이 양호해서 풍작이 되고 이에 따라 가격 폭락이 오거나, 반대의 경우 가격이 상승하는 현상이 매년 반복되고 있다.

2019년 여름의 경우 마늘, 양파, 양배추 등 거의 모든 채소 가격이 폭락했을 때, 농업 진문지에서는 그 상황을 크게 다루면서 고통 받는 농가들의 실상을 상세히 전하는 데 비해 일반 언론에서는 거의 주목하지 않은 것은 농민들의 고통을 함께하지 못하는 증거이기도 하다. 한편 시금치와 애호박 등 일부 신선 채소의 일시적인 수급 불일치 또는 지역 간 수급 불균형 등으로 단기간 급등락을 이어가는 것이 신선 농산물의 특성임에도, 이런 특성을 무시한 채 일반 언론에서는 급락할 때에는 별로 반응을 보이지 않다가 급등할 때는 과잉 보도 또는 잘못된 보도로 농민의 마음을 울리고 있다.

특히 신선 채소는 그 특성상 도매가격과 소매가격 또는 지역 간 격차가 발생할 수도 있어서 가격 동향을 보도할 때는 신중한 분석이 필요하며 비교 시점의 선택에도 합리성이 필요하지만, 그 특성을 외면하는 일반 언론은 어려운 농민을 더욱 곤혹스럽게 하고 있다.

더욱이 소비자물가지수에서 차지하는 비중이 큰 공산품이나 서비스 요금의 인상에 비해 비중이 미미한 채소 품목의 가격 상승에 따르는 소비자의 고통을 과잉 전달하는 일반 언론기관의 관행은 농업·농촌·농민에 대한 올바른 이해와 배려가 부족하기 때문에 생겨나는 현상일 것이다.

일반 언론기관의 농업·농민에 대한 올바른 이해가 부족한 현실을 극명하게 보여준 최근 사례는 2019년 가을 무·배추의 흉작으로 김장 비용이 8~9% 정도 상승하게 되었을 때에 일어났다. 무·배추 가격이 올라 혹시 김장 수요가 줄어들까 조마조마하는 농민들의 마음을 아프게 하는 언론 기사가 대서특필되어 터져 나왔다. 돈 들고 고생스러운 김장 담그기를 포기하도록 주부들의 마음을 유도하는 언론 기사의 내용은 농업을 보는 일반 언론기관의 시각을 극명하게 보여주고 있다 (44~45쪽의 '쉬어 가는 페이지' 참조). 특히 이러한 김장 관련 기사가 때로는 김치 가공업체들의 광고 스폰서 등 보이지 않는 힘에 영향을 받을 수 있다는 점은 농민의 마음을 더욱 어둡게 한다.

한편 한국농촌경제연구원(KREI)의 삶의질정책연구센터가 2016년 발간한 《주요 언론 키워드로 살펴본 농촌 이슈와 전망》은 일반 언론기관의 농촌에 대한 인식의 변화를 보여주고 있다. 구체적으로 조선일보, 중앙일보, 동아일보, 한겨레, 경향신문 등 5대 일간지가 2005~2015년에 보도한 농촌 관련 기사를 분석한 결과이다.

우선 농촌 관련 기사의 총 건수는 2005년 892건에서 2015년 500건으로 40% 이상 감소하여 농촌에 대한 관심이 줄었다. 특히 농촌 관련 기사 가운데 긍정적 성향의 기사 비중은 2005년 71%에서 2015년 60%로 감소함으로써 농촌에 대한 부정적 시각이 증가하는 경향을 보이고 있으며, 부정적이거나 중립적인 성향은 같은 기간 각각 15.7%, 13.3%에서 18.4%, 21.4%로 늘어나는 현상을 보이고 있다.

한국농촌경제연구원은 이렇게 농촌에 대한 보도 성향이 부정적 방향의 증가로 나타나게 된 원인을 농산물 수입 개방과 소득 문제 같은 이슈가 반복해서 노출되는 현상이 고착화되면서 농촌에 대한 관심도가

우리를 더 슬프게 하는 것들

　기쁨과 대립되는 감정이 슬픔이다. 슬픔은 외부의 이런저런 요인으로 인해 피동적으로 느끼는 경우가 많다. 문득 고교 시절 국어 교과서에 실린 독일 시인 안톤 슈나크의 <우리를 슬프게 하는 것들>이 떠올라 찾아봤다. 우는 아이, 숱한 세월이 흐른 후 돌아가신 아버지의 편지가 발견될 때, 추수 후 가을밭에 보이는 연기, 철창 안 죄수의 창백한 얼굴⋯.

　찬찬히 글을 읽는데 얼마 전 농촌 들녘에서 만났던 한 농민의 원망 섞인 말이 머릿속에 선명해졌다. 그는 갈수록 어려워지는 농민의 삶이 슬프다고 했다. 그러면서 농촌 실정을 외면하고 눈치 없이 떠들어대는 '촉새'만 없어져도 한결 덜 슬플 것이라고 뼈 있는 말을 했다. 동북아시아 북부 지역에 서식하며 봄가을에 우리나라를 거쳐 가는 나그네새가 촉새다. 국어사전에선 '언행이 가볍거나 방정맞은 사람을 비유적으로 이르는 말'이라고도 추가로 정의한다. 그러고 보니 요즘 언론의 행태가 간혹 촉새를 연상시킨다. 농업 · 농촌 현실을 곡해한 뉴스로 종종 농민들을 슬픔 속으로 몰아넣기 때문이다.

　김장 관련 뉴스만 해도 그렇다. 최근 대다수 언론은 우리나라 주부 54.9%가 올해 김장 포기를 선언했다고 대서특필했다. 주부들이 김장 비용에 부담을 느끼고 스트레스를 받는 등 후유증을 우려해서란다. 특히 주부 네 명 중 한 명은 김장 후유증으로 병원을 찾았다고 부연 설명까지 곁들였다. 하지만 이 뉴스는 농민, 특히 배추 · 무 농사를 짓는 사람들을 슬프게 하기에 충분했다. 한마디로 '올해는 김장을 포기한 주부가 전체의 절반을 넘으니 당신도 포장 김치를 사다 먹어라'고 하는 메시지를 김장을 준비하는 주부들에게 뉴스로 전달했으니 말이다.

더 큰 문제는 이 뉴스의 출처가 국내 굴지의 김치 제조업체라는 점이다. 김장을 포기하는 주부가 늘면 누가 유리하고 누가 불리하겠는가. 게다가 언론이 전통 식문화의 '꽃'인 김장을 장려하긴 못할망정 김장을 포기해도 괜찮다는 투로 지면을 할애했으니 촉새의 참모습을 그대로 드러낸 셈이다.

김장 채소 가격이 급등해 가계에 큰 부담을 준다는 뉴스 역시 고민 없이 만들어낸 언론의 산물이다. 많은 언론들은 배추·무 등 채소 가격이 크게 올라 김장을 하는 가구에게 경제적 부담을 줄 것이라는 보도를 쏟아냈다. '금배추' '금치'라는 표현도 서슴없이 했다.

aT(한국농수산식품유통공사)에 따르면 올해 4인 가족의 김장 비용은 지난해보다 8.7% 상승한 28만 6천 원 정도다. 김장 채소의 작황 부진에 따른 가격 상승분을 감안해 산출한 것이다. 김장 비용이 늘었다 치자. 그래도 올 1인당 김장 비용을 산술적으로 계산해보면 7만 1,500원에 불과하다. 김장 김치 먹는 기간을 3개월로 친다면 1명이 한 달에 2만 3,833원, 하루에 794원꼴이다. 언론은 하루 세 끼 반찬으로 먹을 김장 비용이 1천 원 하는 껌 한 통 값에도 미치지 않는다는 사실은 언급조차 하지 않았다.

대다수 언론은 올해도 농업인의 날이자 가래떡데이인 11월 11일을 특정 기업의 과자 이름을 그대로 딴 '빼빼로데이'라고 홍보하는 데 열을 올렸다. 일부 언론은 한 발 더 나아가 그럴싸한 얘기로 포장해 빼빼로데이의 역사적 기원이 있다는 식의 '친절함'까지 베풀었다.

두 눈 부릅뜨고 냉정하게 뉴스를 뜯어보자. 그러면 농민이 슬픔에 빠져 피눈물을 흘려도 나 몰라라 하고 책임 없이 쏟아놓는 언론의 촉새 같은 뉴스가 보일 것이다. 안톤 슈나크가 지금까지 살아 있었더라면 이런 뉴스를 생산하는 언론을 그냥 바라만 보고 있지는 않았을 것 같다. 아마 <우리를 슬프게 하는 것들> 후속으로 <우리를 더 슬프게 하는 것들>이란 새로운 글을 통해 촉새 같은 언론에게 뼈아픈 '한 방'을 날렸을지도 모를 일이다.

김광동(농민신문 문화부장)

농민신문, 2019년 11월 22일자

하락하였을 뿐만 아니라, 국민들이 농촌을 부정적 시각으로 바라보는 현상이 맞물려 나타난 것으로 풀이되고 있다.

한편 신문 기사 제목을 통해 시기별 핵심 키워드를 분석한 동일한 결과에서 과거의 두루뭉술했던 이슈들이 점차 구체화되는 양상으로 변화하고 있다는 것은 농민들로서 참고해야 할 점이다. 즉 2005년 언론에서 많이 노출되었던 '농촌 사랑' '농촌 체험' '친환경' '우리' '함께' 등 추상적인 개념이 다수 등장하였던 것이 2015년에는 '선거구 · 지역구', '귀농 · 귀촌', '창업농', '가뭄', '로컬푸드' 등의 구체적인 이슈들로 바뀌고 있다는 것이다.

같은 보고서에서는 농촌 관련 이슈가 정치 · 인구 · 공동체 · 기후변화 등으로 구체화 · 세분화되고 있기 때문에 감정에 호소하는 이슈들을 부각시키기보다는 농업 · 농촌이 국가와 국민의 삶에 어떻게 기여하는지를 구체적으로 홍보할 필요가 있음을 강조하고 있다.

이러한 국민과 언론기관의 관심 부족을 해결하기 위한 모색은 소비자를 향해 농민이 어떠한 자세를 갖춰야 할지 궁리하는 토대가 될 수 있다. 특히 광고주의 광고비 지출에 의존하여 생존을 이어가는 언론기관의 입장에서 광고주의 이해관계를 따르기 쉽다는 냉혹한 현실은 농업 · 농촌의 실상을 국민에게 알리기 위해 극복해야 할 하나의 장벽이다. 그 장벽을 인정할 수밖에 없는 현실에서 농업 · 농촌의 숨은 가치와 소비자를 향한 농민의 진심을 효율적으로 전달해야 하는 어려운 과제를 안게 된다.

라. 향후 농업 · 농촌 전망

수입 장벽의 점진적 소멸

앞으로의 농업 · 농촌의 경제 여건을 가름하는 결정적인 외부 조건은 농산물 수입 장벽이 얼마나 잘 작동하는지 여부이다.

향후 무역 장벽의 존치 여부를 결정하는 데 가장 큰 영향력을 발휘하는 요소는 경제 양대 강국 미 · 중이 펼치는 정책의 향방인데, 미국은 트럼프 대통령 취임 이후 WTO의 규범에 앞서 자국 이익 우선 기조와 모든 나라의 무리한 국경 개방을 추구하고 있어서 우리에게 매우 불리한 여건으로 전개되고 있다. 2019년 들어서면서 미국 정부는 WTO 체제에서 개도국 지위를 누리는 국가들 중 다음의 네 가지 조건 중 한 가지만이라도 해당하는 국가는 앞으로 개도국에 주어지는 특혜를 더 이상 누리지 못하도록 조치하겠다는 것이다. 그 네 가지 조건이란 ① OECD 회원국이거나 가입 절차를 밟고 있는 나라 ② G20 그룹에 속하는 나라 ③ 세계은행이 분류하는 고소득 국가 ④ 세계무역에서 차지하는 비중이 0.5% 이상인 나라 등이 열거되고 있는데, 우리나라의 경우 이 네 가지 기준 모두에 해당한다.

2021년 7월 유엔 무역개발위원회(UNCTAD)는 우리나라가 그간 속해 있던 개도국에서 선진국으로 지위가 격상되었음을 선언하기에 이르렀다. 이에 따라 그간 개도국 지위에서 누려왔던 농산물 교역상 특혜를 포기해야 하는 우리 농업으로는 불리한 교역 여건의 도래를 걱정하게 된다.

　개도국의 특혜 중에는 쌀, 고추, 마늘, 양파, 감귤, 인삼 등의 주요 농산물을 특별 품목으로 지정하여 관세 감축 의무에서 벗어나는 권리와, 관세 감축으로 수입이 급증하는 경우 추가 관세 부과가 가능한 긴급 수입제한 조치인 '특별 세이프가드'의 활용 조치도 포함된다. 관세상의 특별 우대뿐만 아니라 농업 보조금 허용 한도의 감축과 함께 쌀 변동 직불금이나 정부의 농업 분야 리스크에 대한 정책 지원도 개도국 특혜의 하나이다.

　우리나라의 1인당 국내총생산(GDP)이 3만 달러 선을 넘어섰고, 또 OECD 가입국이라는 등의 객관적 기준에 부합하여 우리 경제가 전체적으로는 선진국 수준에 도달했다고는 하지만, 농업의 현실은 결코 선진국이라 할 수 없다. 우선 농가 소득의 내용을 분석할 때 WTO 가입 당시인 1985년의 호당 농업 소득은 1,047만 원이었으나, 20년 후인 2015년에는 1,123만 원, 2017년에는 1,005만 원 수준으로 감소하였다. 2018년에는 1,292만 원으로 농업 소득이 늘어났다고는 하나 2019년 이후에는 다시 1천만 원 선으로 축소되었다.

　사실 실질소득으로 환산할 때 감소 폭은 더욱 커지는 추세이며, 도시 근로자에 비한 농가 소득 비율인 상대 소득은 1995년 95.7%에서 2018년에는 65% 수준으로 줄어들었고 향후 전망도 어둡게 나오고 있다.

　곡물 자급률 또한 1995년 29.1%에서 2020년 21.7%로 떨어져서 OECD 회원국 중 최하위에 머무르는 현실이며, 농축산물 무역 적자는 세계에서 6번째로 높은 국가로서 농업이 선진국에 이르렀다는 객관적인 현상은 어디서도 찾아볼 수 없다.

 WTO 체제 내에서 농업의 개도국 지위를 포기하는 데 따르는 위기만이 아니라, 앞으로 추진되는 여러 나라와의 FTA 추진에서 값싼 해외 농산물 수입 증가 우려가 도처에 산재하고 있다. 우선 세계 최대 규모의 FTA인 RCEP(역내 포괄적 경제동반자 협정)가 8년여의 협상을 마무리하고 2022년 1월 발효를 앞두고 있다. 아세안 10개국과 우리나라, 중국, 일본, 호주, 뉴질랜드 등 15개국을 포함하는 국가들 중에 강력한 농업 생산국들이 포함되어 있어서 앞으로 우리 농산물 시장에 열대 농산물 수입의 가능성이 높아지는 위험을 안게 된다.

 뿐만 아니라 우리 정부는 CPTPP(포괄적·점진적 환태평양 경제동반자 협정) 가입을 추진하는 것으로 알려져 있어서 농산물 관세 인하 및 수입 확대가 전망되고 있다. 또한 필리핀 정부와 2021년 10월 FTA 체결에 따라 앞으로 바나나 수입관세의 철폐가 현실로 다가오고 있다. 지난 2010년 이후 연간 바나나 수입량은 40만 톤 수준을 오르내리고 있는데, 이는 사과의 연간 생산량 50만 톤 내외(2010년 이후)에 비견되는 수준으로, 현재 바나나 수입관세 30%가 앞으로 5년에 걸쳐 사라지게 될 때 사과 생산량을 초과할 수도 있게 될 것이다. 특히 간편식으로 아침 식사를 대체하는 바나나 수요량의 증대가 과일뿐만 아니라 전체 국산 농산물 수요를 감소시키는 영향을 우려하지 않을 수 없다.

자연재해 발생의 크기와 빈도의 증대

2019년 9월 안토니오 구테헤스 국제연합(UN) 사무총장은 UN 본부에서 개최된 '2019년 기후 활동 성상회의' 기조연설을 통해 기후변화로 태풍 발생 빈도는 증가하고 강도는 더욱 강해지는 상황이 다가오고 있음을 경고했다.

태풍으로 인한 피해는 비닐하우스 등의 시설물 피해, 과수 낙과, 집중호우에 따른 농작물 침수와 병충해도 큰 문제지만, 특히 가을 태풍의 증가는 농작물 수확기와 맞물려 농가 소득에 치명적인 영향을 끼친다. 2019년 우리나라에 불어닥친 태풍은 총 7개로 1959년 이후 60년 만에 역대 최다 기록을 세우고 있는데 앞으로 가을철 농작물 수확 시기에 우리를 습격하는 태풍의 빈도가 더욱 늘어날 불길한 전망이 예보되고 있다.

9~10월의 태평양 해수면 온도가 높아지면서 태풍 빈도가 높아지는 가운데, 그 시기에 북태평양 고기압이 우리나라에 걸쳐 있게 되어 태풍이 불어오는 통로가 형성되는 것으로 분석되고 있다. 9~10월 사이에 고기압이 수축하거나 또는 북쪽에서 한기가 내려가면서 태풍을 남쪽으로 밀어내지 못해 우리나라를 침범하는 태풍이 늘어난다는 것이다. 문제는 이러한 기상이변이 이례적인 현상이 아니라, 최근의 엘니뇨현상과 기후변화로 앞으로 정례화될 가능성이 높다는 것이다.

이 태풍의 영향이 자연적 재해에 머무르지 않고 그 이상으로 우리나라 농촌 경제를 황폐화시키는 요인으로 작동한다는 사실을 주목해야만 한다. 먼저, 농산물은 다른 소비재보다 가격신축성이 크다는 특성이 있어 생산량이 조금만 줄거나 늘어도 가격은 큰 폭으로 오르거나 내리기 쉽다. 또한 수확량의 결정에 미치는 자연의 영향력이 아직도 커서 수확기의 기후는 그해 생산량에 결정적인 영향을 주고 있다.

농작물 재해로 수확량이 감소하고 가격이 상승할 때에는 정부의 비축 농산물 방출로 그 억제가 용이하며, 그래도 가격 상승이 통제될 수 없는 경우 정부의 긴급 수입 조치로 가격이 더 이상 오르는 것을 쉽게 막을 수 있게 된다. 이때 정부 소요 비용은 비교적 저렴할뿐더러 정책 추진도 간편한 과정을 거치게 된다.

그러나 반대의 경우 자연적 기상 조건이 양호하여 농산물 풍작으로 가격이 하락하면 과잉 농산물 수매와 보관·저장 등의 수단이 필요해지는데 이때 필요한 행정 및 물적 비용은 막대하고 복잡한 행정절차를 거쳐야만 그 정책 달성이 가능해진다.

품목에 따라 수확기에 평년보다 생산량이 조금만 증가해도 가격이 폭락하는 경우를 우리는 자주 접하게 된다. 결국 농민은 수확량은 늘었지만 가격은 평년에 크게 못 미쳐 농업 소득이 감소하게 된다. 가격 안정을 위한 수출 증대나 가공 기술 개발 및 확대 등의 대책에 소요되는 시간과 비용은 과다하지만 그 효과를 내기는 쉽지 않다.

이와 반대로 태풍 및 가뭄이나 홍수 등 기후 영향으로 수확량이 감소하고 가격이 오를 때 이를 과장해서 보도하는 언론 사례를 자주 접하게 될 뿐만 아니라 작물의 흉작에 따른 가격 폭등 시 정책 당국의 입장에서는 국민 대다수를 차지하는 소비자의 이해관계를 따를 가능성이 높아진다. 선거가 정권 유지 또는 정권 창출을 좌우하기 때문이다. 이런 정책 기조히에서 국내 소비자 가격의 안정은 달성될지 몰라도 생산자인 농민의 농업 소득 증대 여지는 상당히 좁아지게 된다. 물론 태풍 등 자연재해에 따른 수확 감소로 인한 농업 소득 감소를 보완하는 농작물 보험이 있기는 하나 그 보급은 아직 크게 미흡하다.

농산물의 풍작과 흉작 시에 정부가 펼치는 가격 대책을 비교해보면, 흉작에 따른 가격 상승기에는 정책 추진에 소요되는 행정 비용과 그 추진이 비교적 용이하며 그 효과도 신속함에 비해, 풍작과 가격 하락 시기에는 행정절차와 물적 비용이 상대적으로 복잡 과다하여 그 효과 또한 지연되는 것이 불가피한 현상이다. 이 때문에 농민들로서는 정부가 농산물 가격 억제에 더 적극적이라고 의식하게 되는 여지가 생긴다.

마. 향후 농업 · 농촌 대책 마련과 소비자 의향 파악

2019년 말 현재 총 인구 중 농가 인구 구성비는 4.5%에 불과하며 국민의 대다수는 비농가 인구이다. 과거 1960년대 농가 인구 비중이 50% 수준에 이르렀던 시대와 20~30%대까지 감소한 1980년대까지도 사실 도시의 거주자는 농산물 소비자일지라도 농촌을 떠난 지가 얼마 되지 않았을 뿐만 아니라 대부분의 도시민들은 농촌에 남아 있는 부모형제와 긴밀한 가족 간 유대가 지속되고 있었다. 이러한 긴밀한 관계하에서는 전 국민이 농업 생산자인 동시에 소비자의 기능을 겸하고 있었다 해도 지나친 표현이 아니었다.

그러나 이제 농가 인구 비중이 4.5% 수준으로 크게 줄어들었을 뿐만 아니라 도시 거주 소비자의 대부분은 농촌에서 태어나지도 않았고, 농촌에 거주하는 가까운 가족이나 친척도 없으며, 또한 있다 하더라도 그 접촉 빈도가 이미 예전같이 빈번한 관계는 아니다. 추석이나 설 연휴에 도시민의 농촌 고향 방문자 비율도 줄거니와 체류 시간도 단축되고 있다. 즉 농민과 도시민 간의 혈연관계, 접촉 빈도, 거주 경험 관계 등 모든 연결이 소원해지면서, 과거에는 도시 거주 가족 및 친척들과 농산물을 나눠 가지던 증여 역시 농가 소비의 일부였는데, 새로운 관계에서는 농산물 판매에 의한 소득 증대 형태로 바뀌게 된 것을 의미한다. 다만 도시 거주 소비자가 소비하는 농산물 중 수입 농산물 비중이 늘어나 잠재적인 소득 실현의 대상이 축소되는 요인도 동시에 진행되고 있다.

도시민 비중이 높아지게 되면 국내에서 농산물 판매 증대로 농업 소득을 실현하는 시장이 넓어지게 되었지만, 동일한 시장에서 외국 농산물과의 경쟁 또한 점차 치열해지는 현상도 함께 진행되기도 한다.

이러한 상황에서 우리 농산물 소비자들이 농업 · 농촌을 어떻게 생각하고 있는지를 살펴보는 것은 우리 농산물의 해외 농산물과의 판매 경쟁에서 결정적으로 유익한 정보가 된다. 또한 국내 소비자에게 어떻게 접근해야 그들의 관심과 배려를 얻어내고 그 관심과 배려를 어떻게 해야 우리 농산물 선택으로 이어지게 할지 대책을 마련하는 토대가 된다.

소비자 접근을 시도하기 위해서는 오늘의 소비자들은 누구이며 어떠한 여건에 치해 있는지를 우선 살펴야 한다. 그 기초 위에서 그들의 여건과 특성에 알맞은 접근 방법을 찾아낼 때 바람직한 결과를 얻어낼 수 있다.

우리 농산물 소비자들이
농업·농촌을 어떻게 생각하고 있는지를
살펴보는 것은 해외 농산물과의 경쟁에서
우리 농산물에게 결정적으로 유익한 정보가 된다.
또한 국내 소비자에게 어떻게 접근해야
그들의 관심과 배려를 얻어내고 그 관심과 배려를
어떻게 해야 우리 농산물 선택으로
이어지게 할지 대책을 마련하는 토대가 된다.

소통과 공감

농업의 공익형 직불제 정착과 팬데믹 극복의 길

소비자와 농민의
상호 관계

소비자와 농민의 상호 관계

가. 농민의 범위와 농촌 인구

경제 발전에 따라 산업별 인구 구성이 다양해지는 것은 개개인의 생활을 이어가기 위해 발생하게 되는 여러 가지 욕구를 충족시켜 나가는데 다른 직업을 가진 사람들의 도움이 더 필요해진다는 의미이기도 하다. 즉 다른 상품과 서비스를 공급하는 더 많아지는 다른 직업의 여러 사람들과 서로 교환하며 함께 사회를 구성하게 된다.

오늘날 한 사회를 구성하기 위한 여러 직업을 산출물의 특성에 따라서 분류할 때, 그 첫 번째로 농업이라는 직업을 들 수 있다. 농업이라는 직업이 첫 번째로 등장하는 이유는 인류의 가장 오래된 직업일 뿐만아니라 인류의 생명을 유지하는 데 가장 기본이 되는 영양분을 공급하며 인류의 가장 원초적 욕망의 하나인 식욕을 충족시키기 때문이다. 이처럼 농업이라는 직업의 특수성 때문에, 그리고 인류 생존을 위한 농업 생산물의 중요성을 고려한다면 인류의 직업을 대별하여 두 가지로 구분할 때 흔히 농업과 농업 이외의 직업으로 구분할 수 있다.

인류 집단의 직업별 구분에 이어 다음으로는 인류가 거주하는 지역의 구분에서 지역 특성이 확연히 드러나는 농촌 지역과 도시지역으로 나눌 수 있는데, 농업의 특성상 농민은 농촌 지역에서, 농업 이외 직업(비농업)군의 사람들은 도시지역에서 살며 활동하는 것이 일반적이다.

이렇게 인류 집단의 직업을 기준으로 농민과 비농민으로 구분하고 이어서 거주 지역 기준으로 농촌 및 도시로 구분할 때, 앞으로의 바람직한 농업·농촌의 나아갈 방향을 설정하고 이 사회를 향한 농민의 영향력이 어떠한지를 찾아내는 데 매우 유용한 단서를 제공하게 된다.

종사 직업과 거주 지역을 기준으로 나눌 때 농민은 농촌 거주자가 다수를 차지하는 것이 일반적이지만 최근에 와서는 자가용 등 교통수단의 발달로 도시지역에 거주하는 통작 농민이 늘어나기 시작하고 있다. 이와는 반대로 비농업에 종사하는 사람들이 농촌에 거주하면서 도시 생활의 번잡함을 피하고자 하는 경향도 있어서 최근에는 농촌 내의 비농민 비율이 높아지고 있다. 이렇게 농촌과 도시에서 농민과 비농민의 혼재 현상이 없는 것은 아니지만 농민은 농촌, 비농민은 도시라는 대세는 앞으로도 변치 않을 것이다.

농업이라는 직업에 종사하며 농촌이라는 지역에 오랫동안 거주하게 되면 비농업 분야에 종사하면서 도시지역에 거주하는 도시민과 구별되는 특성이 형성되며, 이렇게 달라지는 특성 형성은 농민과 농산물 소비자인 도시민과의 관계 형성에서 의미 있는 영향력을 미치게 된다.

농민이라는 직업을 언급할 때, 농민과 농업인이 혼용되는 경우가 있어서 이 두 용어에 대한 설명이 필요하다. 우선 직업상 분류 기준으로서 농민은 가족노동을 기초로 하여 농산물을 직접 생산하는 데 종사하지만 필요에 따라서는 고용노동을 활용하기도 한다. 이때 농업 생산 활동은 농업 자재 생산, 농산물의 유통·가공 등을 포함한 넓은 뜻이 아닌, 경종 활동과 가축 사육 등 좁은 뜻의 농업 생산 활동을 의미한다. 농민은 직접 생산 활동에 종사하면서 토지를 기반으로 소득을 실현한다. 그런데 농지는 소유하나 자신이 직접 생산 활동에 참여하지 않는다면 농민의 범위에서 제외된다. 그리고 농지를 소유하지 않고 노동만을 제공하는 농업 노동자는 농민 범위에 포함된다.

농민이란 용어가 일반적인 직업 분류상에서 사용되는 용어라면, 농업인은 법률상 용어로서 법률적 지위를 판단할 때 사용하는 용어로 이해되며 '농지법 시행령'에서는 다음의 요건 중 하나에 해당하는 자를 농업인으로 인정하고 있다.

1. 1천 제곱미터 이상의 농지에서 농작물 또는 다년생식물을 경작 또는 재배하거나 1년 중 90일 이상 농업에 종사하는 자
2. 농지에 330제곱미터 이상의 고정식 온실·버섯 재배사·비닐하우스 기타 농림수산식품부령이 정하는 농업 생산에 필요한 시설

을 설치하여 농작물 또는 다년생식물을 경작 또는 재배하는 자

3. 대가축 2두, 중가축 10두, 소가축 100두, 가금 1친두 또는 꿀벌 10군 이상을 사육하거나 1년 중 120일 이상 축산업에 종사하는 자

4. 농업 생산을 통한 농산물의 연간 판매액이 120만 원 이상인 자

(이 밖에도 농어업, 농어촌 및 식품산업법 등 여타의 관련법상에서 정하는 농업인에 대한 정의가 위의 농지법상에서 정하는 농업인에 대한 정의와는 구체적으로 약간 다르게 규정되어 있기는 하나 크게 벗어나지는 않음)

이 책에서는 편의상 직업으로서의 용어인 농민이라는 용어를 사용하기로 한다. 편의상 농산물 소비자의 대부분이 도시에 거주하기 때문에 소비자와 도시민이 혼용되는 경우도 있음을 밝힌다.

우리나라의 경우 2020년 12월 1일 기준 '농민'의 정의에 해당하는 가구주와 그 가구원을 포함하는 농가 인구의 전체 국민 중에서의 비중은 4.5%에 달하며, 전체 국민의 95.5%는 비농민이다. 농민의 대부분은 농촌에 거주하지만, 통계청 인구통계 기준이 되는 행정구역상의 농촌 지역(읍 · 면) 인구 비중은 9%이기 때문에 농촌 지역에 거주하는 비농민은 4.5%로 추계된다(인구 분포를 나타내는 또 하나의 기준이 되는 국토부의 용도 지역 기준에 따른 도시 인구는 92%로 집계되고 있음을 참고 바람).

나. WTO 출범과 농업 그리고 국민 정서

이제 1980년대 후반기 WTO 체제 마련을 위한 국제 무대에서의 논의 시작부터 1995년 WTO 출범 시점까지 농업을 둘러싼 국내의 분위기와 그 변화의 동향을 회고하기로 한다.

역사적으로 큰 위기를 맞게 된 우리 농업·농촌·농민을 향한 국민의 걱정과 뜨거운 응원이 존재했는데, 그 응원이 어떻게 전개되었으며 얼마나 열기가 높았는지를 살피는 것은 앞으로의 농업·농촌의 공익적 기능 도입을 통한 농업 활로를 열어가는 정책 마련에 참고가 될 것이다.

이와 함께 농업·농촌을 향한 소비자의 바람직한 인식과 자세를 이끌어내기 위해서도, 과거 경험에서 어떤 교훈이 존재하는지를 파악하는 데에도 참고가 될 것이다.

무역자유화와 농민의 고통

1980년대 후반기에 새로운 세계무역 질서 마련을 위한 다자간 협상 체제인 우루과이라운드(UR)의 개시와 그 협상 결과로 출범하게 된 WTO 체제는 여러 나라와의 이어지는 FTA 체결의 기초를 마련했으며 우리나라의 정치·경제·사회 전반에 걸쳐 큰 충격과 변화를 가져온 역사적인 사건이었다.

WTO의 출범은 농업 부문에는 충격을 가하는 신호탄이 되었지만 수출을 주도하는 제조업 분야에는 약진의 기회를 여는 밝은 신호탄이었다. 관세장벽이라는 수출 장애물을 걷어내게 된 제조업을 앞세워 수출 입국의 획기적 전환점을 마련하게 되었지만, 농업·농촌·농민의 아픔은 곳곳에서 나타나기 시작했다. 가벼워진 관세로 저렴하고 화려하며 신기한 외형을 갖춘 외국 농산물과 경쟁하게 된 것만도 힘겨운데, 정부로부터의 가격 보조금을 비롯한 여러 형태의 보조금이 감축되는 이중의 고통을 짊어지게 된 것이 우리 농업의 모습이었다.

사실 UR 협상 출발 이전 관세 및 무역에 관한 일반 협정(GATT) 체제하에서도 1980년대에 들어서며 우리나라가 무역 흑자를 실현하게 되자, 우리 농업은 세계 주요 교역 대상국으로부터 관세 인하 압력을 받게 되었고 그 반작용인 농민들의 저항운동은 그때부터 시작되었다.

1980년대 UR협상이 시작되고 농산물 관세 인하 압력에 대한 농민의 저항운동은 도시 소비자를 포함한 전 국민으로부터 적극적인 공감과 호응을 얻으면서 큰 동력을 얻고 눈에 보이는 여러 가지 성과가 나타났다. 그 당시 전체 취업자 중 농업 취업자 비중은 이미 20~30%대로 감소했지만, 대부분의 도시민들은 농업에 종사하며 농촌에 머물렀던 기억도 생생할뿐더러 농촌에 남아 있는 부모형제 등 직계가족들을 생각하는 정서가 뚜렷하게 남아 있었던 것이 뜨거운 농업·농촌 응원으로 나타난 배경이 되었을 것으로 추측할 수 있다.

뿐만 아니라 해방 이후 오랜 기간 동안 어려웠던 궁핍한 시대에 국민들의 배고픈 고통을 덜어준 농민들에 대한 고마움의 기억이 어려움에 처하게 된 농민 처지에 대한 높은 공감으로 이어지고 수입 개방에 저항하는 농민을 응원하는 행동으로까지 연결되었을 것이다.

쌀 수입 개방 반대 1천만 명 서명운동

오랜 기간에 걸쳐 국민경제와 전체 인구 중에서 농업·농민의 비중이 완만한 속도로 줄어들게 되면, 정부는 정부대로 여유를 가지고 경제구조를 변경해나갈 수 있으며, 농업·농민도 그 나름대로 대부분의 선진국에서 경험한 사례를 참고하면서 적절한 대응이 가능할 수도 있었을 것이다. 일본의 경우도 우리에 비해서는 여유로운 기간을 갖고 비교적 성공적으로 농업·농민이 대처할 수 있었다.

우리나라는 세계 역사상 유례가 없는 짧은 기간 동안, 경제성장의 출발부터 도약까지의 기간을 단축하는 압축 성장 시현과 산업구조의 급속한 개편 과정에서 농업이 이에 적응할 여유를 갖지 못하는, 어떤 나라도 경험해보지 못한 세계 초유의 위기에 처하게 되었다. 위기에 처한 농민들은 농협을 위시해 많은 농민 단체를 중심으로 격렬한 저항운동을 전개하기에 이르렀다.

그 첫 번째 저항운동은 농협 주관의 '쌀 수입 개방 반대 결의대회'로 나타났다. 결의대회를 통하여 정부와 국회가 외교적 역량을 총동원하여 쌀 수입 개방을 반대하도록 강력히 건의하였다. 또한 UR의 주도국이며 우리나라에 대한 주요 압력 국가인 미국의 부시 대통령을 수신자로 한 편지 보내기운동에서는 농민 조합원과 농촌 어린이에서부터 출발하여 도시 거주 친인척과 도시지역 초등학교 학생, 농촌 지역 출신

제3장 소비자와 농민의 상호 관계

공무원, 기업인, 교수, 언론인이 쌀 수입 개방 반대를 호소하는 80여 만 통의 편지를 실제로 미국 대통령에게 보낸 것으로 집계되었다.

이어서 1991년 11월 11일부터 '쌀 수입 개방 반대 서명운동'을 전국 적으로 전개하였다. 당초에는 100만 명을 목표로 전개하였으나 국민들 의 호응이 뜨거워지는 분위기 속에서 1991년 말까지 1천만 명으로 목 표를 상향하고 기간을 연장 전개한 결과, 서명운동을 시작한 지 43일 만인 12월 23일에 1,300만 명을 넘는 적극적인 호응을 얻게 되었다. 이 서명운동은 전 국민의 30%가 넘는 인원이 호응해준 결과로 기네스 북에 '최단 기일에 최대 인원 서명'으로 등재되는 큰 성과를 이루었다(한 국 농협 50년사, 농협중앙회).

물론 쌀 수입 개방 반대 서명이 단기간에 큰 성과를 거둔 것은 농협 의 전체 조직과 임직원의 노력이 도움이 되기는 했지만 국민들의 지지 가 뒷받침 됐기 때문에 가능했으며 국내에서의 쌀 수입 개방 반대운동 은 해외에서의 반대 활동으로 이어지며 그 열기를 더하였다. 국민 열기 가 그 절정에 이른 것은 1991년 12월 9일 김영삼 당시 대통령의 '쌀 수 입 개방 반대 담화문'이 나오고 해외에서는 스위스 제네바 GATT 본부 앞에서 전개된 농협 임직원들의 삭발 시위로 연결되었던 시기였다.

농협을 중심으로 전개된 쌀 수입 개방 반대를 위한 격렬한 저항운동 과 이를 응원하는 국민의 뜨거운 성원이 비록 그 뜻을 이루지는 못했지 만 그 당시의 농민 저항과 국민 성원이 결합해서 분출했던 열기는 아직 도 많은 농민들의 기억 속에 살아 있으며 도시민들의 머릿속에서도 조금이나마 남아 있을 것이다.

1960년대 경제개발에 시동을 건 박정희 시대의 슬로건인 선공업화 정책으로 농가 인구는 1980년대에 이르러 이미 급속히 감소해 있었지만, 그때만 해도 농촌에 머무르는 가족과의 빈번한 왕래와 접촉으로 농업·농촌을 아끼고 응원하는 분위기가 살아 있을 수 있었을 것이다.

사실 1970년까지만 해도 전체 인구의 거의 절반에 이르렀던 농가 인구는 1980년대에 와서는 20% 수준으로, 그리고 1990년대에는 매우 빠르게 감소해서 10% 수준에 이르게 되었다.

〈표 1〉 총 인구 대비 농가 인구 비율

연 도	(A) 총 인구(천 명)	(B) 농가 인구(천 명)	B/A %
1960	24,954	14,559	58.3
1970	32,241	14,422	44.7
1980	38,124	10,827	28.4
1990	42,861	6,661	15.5

자료: 총 인구-한국은행, '주요 경제지표', 농가 인구-농림수산부, '농림수산 주요 통계'

많은 이농인들이 농촌을 떠난 지 아직 한 세대도 안 되었던 1980년대 당시에는, 농업·농촌에 대한 살아 있는 기억 속에서 전 국민들이 농업의 위기를 자신의 일로 알며 농민과 같이 염려하고 쌀 수입 개방 반대에 열렬히 동참했던 것이다. 그러나 그때의 국민의 열기가, 오늘에 이르러는 먼 옛날의 추억으로 점차 식어가고 있음은 농민의 입장에서는 매우 안타까운 일이 아닐 수 없다.

신토불이운동의 교훈

UR 협상으로 절박한 농촌의 위기감이 절정에 이르렀던 1980년대 말 신토불이(身土不二)운동은 우리 농업·농촌을 향한 뜨거운 응원의 상징이었다. 농협이 주체가 되어 추진한 이 우리 농산물 애용운동은 국어사전에까지 오르게 됐는데 '자신이 사는 땅에서 자란 농산물이 자기 체질에 잘 맞는다'는 뜻으로 풀이되고 있다.

신토불이운동을 전개했던 농협중앙회 당시의 자료를 보면, 신토불이는 자기 땅에서 태어난 농산물이 자기 고장에서 소비될 때 이동 거리와 시간 단축, 즉 푸드 마일리지(food milage)의 최소화에 따르는 신선도와 영양 보존의 유리성을 보장한다는 의미를 찾을 수 있다.

신토불이의 뿌리가 된 문헌으로는 세종 15년(1433)에 간행된 약제의 대백과사전인 《향약집성방(鄕藥集成方)》 '서문', 선조 때의 명의 허준의 《동의보감》 '외형편'과 불교 서적 중 원나라 때의 《노산연종보감(魯山蓮宗寶鑑)》 등과 함께 중국의 《삼국지》 원전의 내용 등 여러 개가 존재한다 (농협동인회, 한국종합농협운동 50년Ⅰ, p.404~407, 2017.2.15). 고향을 떠난 전쟁터에서 오랜 기간 동안 고생하던 병사들이 시름시름 아플 때 고향에서 운반해 온 흙덩이를 나누어 먹고 병을 고쳤다는 《삼국지》에 실린 내용은, 농산물 수확 이후의 경과 기간이나 영양소의 보존 상태를 의미하기보다는 병사들의 향수병을 치유한 심리적 효과가 더 큰 것으로 풀이할 수 있다. 이는 소비자를 향한 농산물 경쟁력 증대를 위한 방안에서 영양적 측면도 고려해야겠지만, 소비자의 마음에 호소하는 심리적 · 정신적 요소의 중요성도 간과할 수 없음을 일깨워준다.

또한 1990년을 눈앞에 둔 당시 WTO 출범이라는 농업 · 농촌의 위기가 다가왔을 때 농촌 · 농민을 향한 소비자들의 뜨거웠던 열기와 응원의 기세가 다시 살아나 지속된다면, 어려워진 농업 · 농촌의 활력을 위한 고향세, 무역이득 공유제 및 농어촌 상생기금의 정책이 추진되고 실현되는 과정은 실제 거쳐온 경험보다는 훨씬 용이했을 것이다. 뿐만 아니라 중앙정부의 농업 · 농촌 지원도 더욱 활성화되면서 우리 농업 · 농촌 회생을 위한 단단한 기초를 마련할 수 있었을 것이다.

개정판

소통과 공감

농업의 공익형 직불제 정착과 팬데믹 극복의 길

농업 · 농촌의 공익적 기능과 농정 전환

제 4 장
농업 · 농촌의
공익적 기능과 농정 전환

가. 농업 · 농촌의 공익적 개념의 대두

1995년 WTO 체제가 출범하면서 농업 · 농촌이 경쟁력을 제대로 갖추지 못한 채 갑작스러운 농산물 수입 개방으로 피해를 입게 되는 나라들의 타개책을 열어주는 단서는 아이러니하게도 WTO 출범을 논의하는 UR 협상 과정에서 출발하고 있다.

UR 협상 당시 급격한 농산물 수입 개방을 반대하는 유럽 지역의 나라들은 '비교역적 고려 사항(Non-Trade Concerns, NTCs)'이라는 개념을 내세웠다. 농업 · 농촌이 시장에서 거래되는 상품만을 생산하는 것이 아니기 때문에 농산물 수입 장벽의 급격한 철폐와 해외 농산물 수입 증가로 영양분 섭취라는 기능 충족은 가능하지만, 국민이 필요로 하는 여타의 고려 사항이 존재한다는 의미로서 비교역적 고려 사항이 이해되었다.

WTO 체제 출범 초기에는 NTCs의 결핍과 그 피해 사항에 대한 국민의 관심이 저조했으나 개방이 본격화되면서 건전한 농촌 공동체의 급작스러운 소멸 등 광범위한 어려움이 현실화되기 시작하였다. 특히 경제 발전 속도가 빠른 나라일수록 건전한 농촌 공동체의 위기에 따르는 피해가 격심해지면서 그 폐해에 대한 대책 마련이 절실해지게 되었다.

우리나라의 경우 이러한 농업·농촌의 위기를 해결하기 위한 수단으로 농촌 고향세를 통한 농촌 지역 지방자치정부의 역할 강화가 시도되는 한편, 무역이득 공유제나 상생기금 제도 등 수출 증대로 이익을 보는 기업체들로부터 농업·농촌 지원 등도 시도되었다. 그러나 그 성과가 지지부진하게 되면서 중앙정부의 본격적 개입이 필요하게 되었으며, 그 논리적 배경으로 '농업·농촌의 공익적 기능'이라는 개념이 최근에 새로운 모습으로 떠오르게 되었다(우리나라에서는 농업의 공익적 가치에 대한 헌법 반영 노력이 아직 실현되지는 못했지만, 이미 2007년 '농업·농촌 및 식품산업 기본법'의 개정으로 농업·농촌의 공익적 기능에 대한 개념 정의는 명시되어 있다).

농업·농촌의 공익적 기능이라는 개념은 세계적으로 통일된 명확한 정의가 존재하는 것은 아니며, 한 국가가 처한 농업·농촌의 특수한 사정에 의해서 또는 국민이 바라보는 농업·농촌의 모습에 따라서 공익적 개념의 실체는 달라지게 된다. 그러나 농업·농촌의 공익적 기능이라는 어휘에서 보는 것과 같이 농업이라는 산업과 농업 생산 활동이 주로 전개되는 장소로서의 농촌이 함께 어우러져 엮어내는 기능이기 때문에 농업·농촌의 두 단어가 함께 사용되는 특성을 보인다.

농업·농촌의 공익적 기능은 농업이 한 나라의 국경 내에서 이루어지는 부정적 영향을 주는 공해(公害)적 요소와 공익(公益)적 요소 모두를 포함한 다원적 기능과도 구별되는 용어이다.

국제사회에서 농업의 다원적 기능에 관한 첫 번째 공개 논의가 진행된 공식 회의는 1992년 '리우 정상회의'였다. 그 회의에서 공식적으로 농업의 환경·사회·문화적 기능과 가치에 주목한다는 논의가 전개된

〈표 2〉 농업·농촌의 다원적 기능 관련 국제사회 논의 내용

구 분		기능
WTO		① 환경 보전 ② 식량 안보 ③ 농촌 개발
OECD		① 경관 보전 ② 종 생태계 다양성 유지 ③ 토양의 질 보전 ④ 수질 보전 ⑤ 대기의 질 보전 ⑥ 수자원의 효과적 이용 ⑦ 경지 보전 ⑧ 온실효과 예방 ⑨ 농촌 활력 유지 ⑩ 식량 안보, 식품 안전 ⑪ 문화유산 보호 ⑫ 동물 복지
FAO	사회적 기능	① 도시화 완화 ② 농촌 공동체 활력 ③ 피난처, 휴양처 기능
	문화적 기능	④ 전통문화 계승 ⑤ 경관 제공
	환경적 기능	⑥ 홍수 방지 ⑦ 수자원 함양 ⑧ 토양 보전 ⑨ 생물 다양성 유지
	식량 안보 기능	⑩ 식량의 안정적 공급 ⑪ 국가 전략적 요청
	경제적 기능	⑫ 국가·국토의 균형 발전과 성장 ⑬ 경제 위기 완화 기능

자료: 서동균(1999), 임정빈(2003) 외

이후 1995년 WTO 체제 출범에서 NTCs 개념이 공식화되고 이어 1998년 OECD와 유엔식량농업기구(FAO)에서도 공개적 논의로 이어지게 되었는데, 그 내용을 정리하면 앞의 〈표 2〉와 같다.

이상에서 열거한 농업·농촌의 공익적 기능의 특성은, 그 분명한 효능에도 불구하고 개별적으로 시장에서 내다 팔아서 개인적인 소득화 실현이 가능한 시장이 존재하지 않는 비시장적 재화(nonmarket goods)라는 점이다. 또한 이 기능은 누구도 그 공급을 책임지려 하지 않지만 누군가는 공급해주기를 바라는 무임승차적 성격을 갖는 의미에서 공공재적 특성을 갖는다.

이렇게 비시장적 재화이며 공공재적인 특성을 지닌 농업·농촌의 공익적 기능은 농업 생산 활동과 결합해서 발생하는 특성을 갖기 때문에 한 나라에서는 일정 규모 이상의 국내 농업 생산 활동이 유지되어야 할 필요가 있다. 농업 생산 활동이 위축되거나 생산 방식의 변화로 적절한 공익적 기능이 생산되지 못하는 경우 수급 불일치가 생기는 시장 실패(market failure)가 발생하므로 이를 예방하기 위해서는 정부의 적극적인 개입이 불가피해진다. 여기서 한 가지 주목할 것은 농업 생산 활동의 위축으로 공익적 기능의 결핍이 발생하지만, 농업 생산 방식의 변경으로도 공익적 기능은 줄어들거나 늘어날 수 있다는 점이다. 즉 동일한 농업 생산을 실현하는 결과를 가져오더라도 생산 방법의 변경으로 공익 기능의 감소를 초래할 수도 있고 때에 따라서는 공익이 아니라 공해적인 기능 발휘를 초래할 수도 있다.

모든 나라의 농업은 국가별로 그 나라가 가진 독특한 자연조건 및 국토 면적과 인구 비율, 경제 발전 정도와 역사적·사회적 배경과 국민성에 따른 독특한 시장구조와 농업 관련 정부 정책을 가지게 된다. 이러한 국가별 여건에 따라 한 나라의 공익적 기능은 제각기 다른 모습으로 실현될 수밖에 없으며 공익 기능을 구성하는 여러 항목별 중요성에 대한 국민의 인식도 다를 수밖에 없다. 예를 들면 소득이 낮고 외환도 부족할수록 식량 안보 기능의 공익적 가치를 높게 평가하게 되고, 소득이 높아지고 외환이 풍족해지게 되면서는 환경과 문화적 기능의 공익 가치에 대한 평가가 높아지게 된다.

우리나라에서도 2007년 기존의 '농업·농촌 및 식품산업기본법(약칭 '농업식품기본법')'을 개정·보완하여 농업·농촌의 공익적 기능에 관한 정의를 처음으로 명시적으로 규정하고 그에 대한 지원 기능을 신설하기에 이르렀다.

이 법 제3조 9항에서는 '농업·농촌의 공익적 기능'이란, 농업·농촌이 가지는 다음의 각 항목의 어느 하나에 해당하는 기능이라고 정의하면서 다음의 6가지를 열거하고 있다.

가. 식량의 안정적 공급
나. 국토 환경 및 자연경관의 보전
다. 수자원의 형성과 함양
라. 토양 유실 및 홍수의 방지

마. 생태계의 보전

바. 농촌 사회의 고유한 전통과 문화의 보전

이 중 첫째 기능인 식량 안보 기능에 대해서는 쌀만을 기준으로 할 때 공급 과잉 기조하에서 이 조항이 공익 기능에 포함되는 것에 대해 이견이 있을 수도 있으나, 우리나라 전체의 2019년 식량자급률이 46% 수준에 불과한 수준이라는 점과 오늘의 안보 상황을 고려할 때 식량 안보는 결코 소홀히 할 수 없음은 분명하다(농림축산식품부의 양곡 수급 자료에 따르면 사료용 곡물을 포함한 곡물 자급률은 2020년 21.7%에 불과하며, 인간 식량만을 대상으로 한 2020년 식량자급률은 45.8%로 지난 10년간 8.3%포인트 하락하고 있는 위험한 수준이다).

위의 6가지 공익적 기능의 항목을 압축해서 한마디로 정리하면, 농업·농촌의 공익적 기능이란 농민만이 아닌 소비자와 함께, 즉 모든 국민이 이익을 함께 누리는 공공재(公共財)를 생산하기 때문에 소비자와 공동의 책임으로 함께 만들어가는 것이라고 풀이할 수 있다.

위의 항목 중 첫 번째인 식량의 안정적 공급은 물론 농민이 주도적으로 담당해야 하지만 도시 소비자의 직·간접적인 응원 없이는 실현이 불가능하다. 그리고 국토 환경 및 자연경관 보전, 수자원의 형성과 함양, 토양 유실 및 홍수 방지나 생태계 보전도 농민 혼자만이 아닌 농촌에 산재한 여러 공장과 산업체의 협조와 노력 없이는 이룰 수가 없다. 마지막 조항인 농촌 사회의 고유한 전통과 문화의 보전도 농민의 역할이 절대적이긴 하지만, 농촌은 더 이상 농민만의 주거 공간이 아니며 농촌 내에서 함께 거주하는 비농민과 농촌 여행자나 방문자의 협조 없이 농민만으로 농촌의 고유한 전통은 유지될 수가 없다.

특히 인구 대비 국토 면적이 좁은 우리나라의 경우 경제 발전 과정에서 제조업 분야 산업과 관련된 공장과 유통 관련 시설들이 농촌 곳곳에 산재하고 또 점점 늘어나는 현실에 비추어볼 때 농업과 여타 산업과의 공동의 노력 없이 농업의 공익적 가치 실현은 불가능하다.

이와 같이 농업 · 농촌의 공익적 가치는 농민과 비농민이 함께 만들어가는 것이지만 역시 그 가치의 주요 공여자는 농촌 거주 농민이며, 농촌 거주 비농민은 주요 보조자이고, 도시 거주 비농민들도 농촌에 대한 관심과 배려를 통해 주요 보조자의 기능을 담당할 때 비로소 공익적 기능을 완성하는 것이 가능하다. 대체적으로 공익적 가치를 생성하는 농민 및 농촌 거주자와 소비자(도시민)의 관계는 주 기능자와 보조 기능자(또는 응원자)의 관계라 정의해도 큰 무리는 없을 것이다.

나. 농정 수단의 전환과 공익형 직불금 도입

1995년 WTO 출범으로 특정 품목의 생산량에 직접적 영향을 미치는 가격 지지 정책은 엄격히 규제하게 되었지만 생산 중립적인 방법으로 직접 농가 소득에 도움을 주는 농가 직불금제는 허용하고 있다. 이러한

제4장 농업 · 농촌의 공익적 기능과 농정 전환

간접적인 방법에 따라 농가 소득을 지원하는 길을 터준 것은 급격한 가격정책 변화에 따르는 개도국 농가의 어려움을 배려하는 조치로 풀이할 수 있다.

WTO가 보조금 관련 규제를 두는 기본 취지는 보조금이 생산량에 직접 영향을 미치지 않도록 하자는 데 있기 때문에 가격 보조는 금지하지만 소득에 대한 직접 보조는 가능하다. 이렇게 농산물 가격 지지에 개입하는 정부 정책을 제한하는 WTO 원칙에 따라 오랫동안 유지해왔던 정부 양곡 수매 정책은 2005년에 중단되기에 이르렀다. 그러나 양곡 수매 제도의 폐지에 따르는 미곡 가격 하락과 농가 소득 감소의 부작용을 완화하기 위해 절충형 농가 직불금을 도입하게 되었는데, 이 제도에 의해 쌀 수매에 의한 가격 지지가 아닌 매년 국회 동의하에 연도별 쌀 목표 가격을 설정하고 그 이하로 가격이 하락할 때 사후적인 보조금 지급으로 농가 소득을 보전해주는 기능을 수행할 수 있었다.

쌀 가격 연동형 직불금 제도는 정부 수매에 의해서 쌀 가격을 직접 보장해주지는 않았지만 사실상으로는 쌀을 중심으로 한 농가 소득 지지 효과를 거양하게 되었다. 그러나 2005~2019년 기간 중 농가 직불금의 80% 이상이 쌀에 편중되어 타 작목 재배 농가의 소득 지지 효과는 미미하였고, 농가별 재배 면적에 비례하여 직불금이 지급됨으로써 대농에게 금액상으로 더 많은 혜택이 돌아가게 되었다. 결국 쌀 연동형 직불제는 그 지향점이 농업·농촌의 공익적 기능 수행보다는, 사실상 간접적인 쌀 가격 지지를 통해 농가 소득 지원을 지향하는 정책이었다.

이와 같이 2005년 이후 시행되어온 쌀 가격 연동형 직불금 제도가 농업·농촌의 공익 기능 수행과 더 긴밀히 연관되게 하려면 쌀뿐만 아니라 쌀 이외의 품목으로도 확대되는 정책 전환이 필요하게 되었다. 또한 생산만이 아닌 환경 등의 다른 공익적 요소도 배려하는 정책으로 전환하기 위한 것이 2020년 공익형 직불금 제도가 채택된 배경이다.

공익형 직불금 제도는 2019년 12월 말 국회 본회의에서 '농업 소득 보전법'의 전면 개정으로 기본이 마련되었으며, 농가 직불금 예산 규모가 2019년의 1조 4천억 원에서 2020년의 2조 4천억 원으로 획기적으로 증대되면서 직불금 형태는 쌀 가격 연동형 중심에서 모든 작물로 확대된 공익형 직불금으로 전환하게 되었다. 전체 농림축산식품부 예산액 15조 7,743억 원 중 직불금 예산의 비중은 15% 수준인데 어느 수준으로 올리는 것이 적정한지, 나아가서 현재 우리가 당면한 농업·농촌의 현실에서 공익형 직불금 소요 예산이 얼마인지 의문이 생길 수 있다.

적정 소요 예산 규모는 설정하는 공익의 구체적 목표에 따라 가변적인 것이므로 현실적으로 그 추정이 매우 어렵다. 다만 서구 나라들처럼 농림 예산의 50% 수준을 공익형 직불금으로 책정하는 상황을 가정한다면 2020년의 경우 우리나라의 공익형 직불금 예산액은 7조 9천억 원 수준에 이르고 2020년의 예산 책정액 2조 4천억 원에 비해서는 5조 5천억 원이 부족하다는 추정이 가능하다.

공익형 직불금을 서구 여러 나라 농림 예산 비중의 수준으로 확대하는 가정하에서 증액이 필요한 5조 5천억 원을 조달하는 길은 농림 예

제4장 농업·농촌의 공익적 기능과 농정 전환

산 15조 7천억 원에서 다른 부문 예산을 삭감하든가, 또는 소요 예산 순증의 두가지가 가능하다. 이 중 다른 항목의 농림 예산을 줄인다는 것은 사실상 불가능해 오늘의 농업·농촌 현실에서 사실상 고려 대상이 될 수는 없으며, 따라서 오늘의 농업·농촌 현실에서는 이 직불금 증액을 위해 농림 분야 전체 예산을 그만큼 늘려야 할 것으로 보인다. 그러기 위해서는 현재와 같은 도시 소비자의 농민·농업에 대한 무관심 또는 부정적인 인식을 벗어나는 새로운 관계 형성이 필요하다. 이 새로운 관계는 양자가 함께 만들어가는 농업·농촌의 공익적 기능의 필요에 대한 새로운 이해를 성취하는 것이며, 이를 위해서는 양자가 서로 관심과 배려를 제고하는 획기적 계기를 마련해야 하는 당면 과제가 떠오르게 된다.

현실적으로 새롭게 다가오는 농업·농촌의 공익적 가치 개념이 이 땅에 제대로 정착되기 위해서는, 소비자(도시민)가 지금까지는 별로 인지하지 못한 채 누려왔던 농업·농촌의 공익적 가치의 존재에 대해 명확한 합의에 도달케 하는 특단의 계기가 마련되어야 한다.

이러한 계기를 만들어야 하는 필요성은 소비자(도시민)보다는 농민 편에서 더 크다. 그러나 필요성이 누가 크냐보다 현실적으로 더욱 중요한 것은 그 계기를 만드는 가능성을 찾는 것이다. 새롭게 다가오는 공익적 가치 개념을 이 땅에 정착시키기 위해서는 무엇보다도 공익 가치를 발현하는 농민의 모습과 각오를 새롭게 형성해서 전체 국민들 간의 공감대를 형성함이 우선 필요함을 염두에 두어야 한다.

소통과 공감

다. 농민이 바라보는 공익적 기능

　우리나라가 속한 시장경제 사회는 냉혹하다는 특성을 지닌다. 누구든 시장에서 경쟁해야 하며 품질과 가격은 가장 중요한 경쟁 요소이다. 또 시장경제 사회에서는 누구든지 직업 선택의 자유가 있고 거주 선택의 자유도 있다. 농사에 있어서도 어떤 품목을 어떻게, 얼마나, 언제 심고 수확할지를 생산자가 모두 스스로 결정한다. 그러한 자유와 권리의 책임은 일차적으로 농민에게 있다. 이 때문에 주어진 여건에서 농민들도 스스로 최선을 다하려는 노력이 필요하고 그 노력이 좋은 성과를 나타낼 때 그 열매는 그것이 소득이든 명예이든 그 농민에게 귀속된다. 결국은 자기에게 귀속하는 결과물을 자기 책임 하에 만드는 시장경제 사회에서 농민들 스스로의 노력이 중요한 이유이다.

　이러한 시장경제 체제에서 농업이 무한 경쟁으로 운영되면서 우리나라 경지 면적 여건이 상대적으로 불리한 데다 압축경제성장 기존하에서 갑작스러운 시장개방으로 이에 대비하는 구조조정 시간을 충분하게 갖지 못하는 경우에는 농업 · 농촌 문제가 발생할 소지가 크다. 나아가 그 문제가 농업 · 농촌에만 국한되지 않고 전체 국민경제와 사회의 지속 가능한 발전에 저해 요인으로 등장하게 되며 이때부터는 농업 · 농촌의 공익적 기능에 대한 관심이 생기게 된다.

　농업 · 농촌의 공익적 기능이 나라별로 등장하게 된 배경에 대해서

제4장 농업 · 농촌의 공익적 기능과 농정 전환

는 별도의 연구가 필요하겠지만, 이 기능이 존재한다는 의미는 농업이 농민만을 위해 존재하는 것이 아니지만 혼자만의 힘으로 자립할 수 없기 때문에 외부로부터의 지원이 있어야 존립 가능하다는 의미이기도 한데, 이 점에서 모든 경제 주체가 홀로 서야 하는 시장경제 사회의 원리에서는 벗어난다. 개별 경제 주체의 자유로운 의사 선택을 기본으로 하는 시장경제 체제에서 이 같은 공익적 가치가 인정되고 실현되기 위한 바람직한 여건 마련을 위해서는 농업 · 농촌의 특수성과 그 가치에 대한 농산물 소비자의 인정이 선행되어야 한다. 이 과정은 정부나 외부로부터의 강압에 의해서 형성되는 성격은 아니며 소비자가 농업 · 농촌과 농민을 접하면서 자발적으로 깨우칠 때 출발하며 정착될 수 있다.

이 어려운 길을 달성해나가는 가장 확실한 기초는 농업에 임하는 농민 스스로가 농업 · 농촌과 자신의 노력에 대한 가치를 깨우치고 인정하는 것으로부터 세워나갈 수 있다(85쪽의 '쉬어 가는 페이지' 참조).

사실 농업 · 농촌의 공익적 개념에서뿐만 아니라 모든 인간 행동에서 노력의 주체가 자기 일과 스스로의 노력에 대한 마음가짐이 갖는 가치는 인류 역사와 함께 살아 숨 쉬고 있다.

물론 그동안 국민이 어려울 때 국민의 배고픔을 해결하고, 높은 경제성장 과정에서의 희생을 감수한 농민의 공헌에 비추어볼 때 국가와 소비자는 당연히 발 벗고 나서서 농민의 어려움을 해결하는 데 앞장서야겠지만, 농민이 도움만을 기다리기 전에 자립 의지를 갖고 적극적으로

종달새 가족

종달새 한 마리가 갓 심은 밀밭에 둥지를 틀었다. 날이 지나면서 밀과 함께 종달새의 새끼들도 튼튼하게 자랐다. 그러던 어느 날, 잘 익은 황금빛 밀 이삭이 산들바람에 흔들릴 때 농부와 아들이 밀밭에 찾아왔다. 농부는 잘 익은 밀 이삭을 보며 이렇게 말했다.

"이제 밀을 벨 때가 되었구나. 이웃과 친구들에게 추수를 도와달라고 해야겠다."

밀밭 근처의 둥지 안에 있던 어린 종달새들은 이 말을 듣고 겁에 질렸다. 추수꾼들이 오기 전에 둥지를 비우지 않으면 모두 잡혀서 큰 위험에 처하게 된다는 것을 알고 있었다.

그래서 엄마 종달새가 먹이를 갖고 들어오자마자 새끼들은 농부가 한 말을 그대로 엄마에게 들려주었다. 그런데 엄마 종달새는 그 말을 듣고 이렇게 이야기했다.

"얘들아, 너무 겁먹지 말려무나. 그 농부가 이웃과 친구들을 불러 함께 일을 한다고 했다면, 밀 추수도 며칠 뒤에나 할 게다."

그렇게 며칠이 지났다. 이제 밀은 익을 대로 익어 바람에 흔들릴 때마다 이삭이 어린 종달새들의 머리를 스칠 정도였다. 농부가 다시 돌아와 밀밭을 보고는 이렇게 말했다.

"빨리 추수하지 않으면 농사지은 것을 반은 잃겠다. 더는 친구들의 도움을 기다리지 말자. 내일 우리끼리라도 추수를 하자꾸나."

어린 종달새들은 다시 어미에게 이 말을 그대로 전했다. 그러자 어미 종달새는 이번에는 이렇게 말했다.

"그렇다면 이제는 떠나자꾸나. 인간이 다른 인간의 도움도 받지 않고 스스로 일하려 할 때에는 아무것도 주저하지 않는 법이란다."

그날 오후 종달새 가족은 날개를 퍼덕이며 둥지를 떠났고 다음 날 해 뜰 녘, 밀을 베러 온 농부와 아들은 빈 둥지 하나를 찾아냈다.

'가장 좋은 도움의 손길이란 스스로 노력하는 것이다.'

(이지영 번역, 이솝 이야기 Ⅰ, 5판, p.198, 2017.4.28, ㈜미르북컴퍼니)

노력하는 모습을 보일 때 농업·농촌·농민의 가치가 더욱 분명히 드러나는 계기를 마련하게 된다.

앞으로 다가오는 농업·농촌의 공익적 가치를 높이는 방향으로의 농정 과제를 맞이하는 시점에서 이 새로운 방향의 정착을 위해 농민으로서 갖추어야 할 첫째 덕목은 '스스로의 노력을 다지는 마음가짐'을 갖추는 것이다.

오늘의 농업이 위기에 처한 일차적 원인이 외국 농산물 수입의 범람에 있고 그 때문에 농업·농촌의 회생을 위해서는 정부와 외부의 도움이 필요하다는 것은 객관적인 여건이기는 하지만, 자기 스스로의 노력에 앞서 외부 지원에 더 많은 관심을 가지게 될 때 농민으로서는 자기 사고 범위와 자기 발전 가능성을 스스로 매몰시키거나 축소하는 부정적 결과를 초래하게 된다.

농업이라는 직업을 선택한 농민은 자기 의지로 농업을 선택하였건 부모의 뜻에 순응하는 효심의 결과이건 그것은 자기의 선택이며, 자기의 귀중한 선택을 존중하기 위해서 스스로 최선의 노력을 다하는 자세는 인간 본연의 아름다운 모습이다. 스스로 최선을 다해도 그에 상응하는 대가의 성취가 불가능하다면 그때 가서 외부 지원을 의연한 모습으로 구하는 것은 다음 단계의 또 다른 과제이다.

라. 농업 · 농촌의 공익적 기능의 또 다른 의미
—상대방에 대한 관심의 출발

농업 · 농촌의 공익적 개념 출발이 상대방으로부터 도움을 받기에 앞서 농민 스스로 할 일에 대해 최선을 다하는 자세의 확립에서 가능할 것이라고 할 때, 이를 위해서는 자기 일의 목표가 되는 상대방을 바라보는 관점이 매우 중요하다. 자기 농사일의 목표가 되는 상대방, 즉 농산물 소비자를 자기 이기심을 충족하는 대상으로만 보는 것이 아니라 상대방의 내면세계, 즉 상대방의 만족에 대한 관심을 가질 때 농업 · 농촌의 공익적 개념은 비로소 제대로 정착될 수 있다.

농민이 자기가 하는 일에서 자기 소득 실현에만 몰두하게 될 때 상대방인 소비자의 내면세계에 관심을 가질 마음의 여유가 생길 수 없으며, 이럴 때 도시 소비자들은 단지 농민 소득을 올려주는 농산물 판매 대상일 뿐이다. 이럴 경우 그 반작용으로 도시 소비자들도 농민들은 자기 소득 실현을 위한 농산물 공급자일 뿐이라는 생각에 머물게 되며, 이렇게 될 때 상호 관심을 갖고 배려하는 관계는 성립할 수 없고 농업 · 농촌의 공익적 가치는 태어나기 어렵게 된다.

농민과 소비자 양자 사이에서 농산물이라는 물리적 형체만이 존재하는 것이 아니라 내면의 세계를 가진 인격체도 개입하고 있음을 인정할 때 비로소 농민의 눈에는 도시 소비자가 바라는 농촌의 환경과 문화 등 공익적 가치라는 새로운 존재가 떠오를 수 있게 된다. 즉 농민이 바라보는 농산물과 농촌의 모습만이 아닌 도시민이 원하는 내용도 함께 그려볼 때 비로소 농민이 키워야 할 농산물과 농촌의 모습이 떠오르게 된다는 의미이다. 또한 소비자가 바라는 농산물과 농촌의 모습에 기초해서 농민이 자기 할 일을 스스로 찾아내는 자세를 갖추는 것은 상대방으로부터 인정을 받는 기초가 될 뿐만 아니라, 비로소 자기 스스로와 상대방의 존재 가치도 인정하는 마음의 여유도 생기게 됨을 기억해야 한다(자세한 것은 97~102쪽의 제5장 '나' 항 참조).

마. 농업 · 농촌의 공익적 기능에 대한 소비자 인식

앞에서 언급한 한국농촌경제연구원의 보고서 '2018년 국민들은 농업 · 농촌을 어떻게 생각하였나?'에 따르면, 도시민들도 농업 · 농촌이 갖는 공익적 기능에 대하여 72.2%의 높은 비율로 그 가치를 인정하는 것으로 나타났다. 공익적 가치를 인정하는 농민의 비율 88.2%에 비해서는 다소 낮으나 거의 소비자 4명 중 3명이 농업의 공익적 가치를 인정하고 있음은 고무적인 일이라 아니할 수 없다.

농업 · 농촌의 공익적 개념을 도입한 정부 정책이 실현되려면 농업 · 농촌 부문에 대한 세출 증대가 필요해지며 이때 도시 소비자들의 세금 부담이 수반된다. 동일한 보고서에 따르면, 농업 · 농촌의 공익적 기능 유지 보전을 위한 추가 세금 부담에 대해서 53.0%에 이르는 도시 소비자들이 찬성을 보이고 있어서 농민 입장에서는 고맙기도 하지만, 다른 한편으로는 거의 절반에 가까운 도시민들이 세금 추가 부담에 대해서 부정적으로 본다는 것은 농민들로서는 안심할 수 없는 경계심을 일깨우는 부분이기도 하다.

또한 〈표 3〉에서 나타나는 것과 같이 도시민들의 농업·농촌의 공익적 가치에 대한 인식 조사에서 60세 이상(79.4%), 농촌 거주 경험이 있는 계층(78.9%), 농촌 거주 가족이 있는 경우(79.1%)에 긍정 답변이 높

〈표 3〉 도시민 응답자 특성별 농업·농촌의 공익적 가치에 대한 인식

구분		사례 수	① 전혀 없다	② 별로 없다	①+②	③ 보통 이다	④ 대체로 많은 편이다	⑤ 매우 많다	④+⑤	평균 (점/5.0)
전체		1,500	0.1	4.7	4.8	22.9	49.7	22.5	72.2	3.90
연령별	19~29세	278	0.0	8.6	8.6	33.1	43.9	14.4	58.3	3.6
	30대	266	0.4	6.4	6.8	25.6	48.5	19.2	67.7	3.80
	40대	306	0.0	2.6	2.6	20.3	53.6	23.5	77.1	3.98
	50대	300	0.3	5.0	5.3	19.0	48.3	27.3	75.7	3.97
	60세 이상	350	0.0	2.0	2.0	18.6	52.9	26.6	79.4	4.04
농촌 거주 경험	있다	686	0.1	3.4	3.5	17.6	49.1	29.7	78.9	4.05
	없다	814	0.1	5.9	6.0	27.4	50.1	16.5	66.6	3.77
농촌 거주 가족 여부	있다	412	0.2	3.9	4.1	16.7	50.0	29.1	79.1	4.04
	없다	1,088	0.1	5.1	5.2	25.3	49.5	20.0	69.5	3.84

자료: 《KREI》 177호(2019.1.31), '2018년 국민들은 농업·농촌을 어떻게 생각하였나?'

제4장 농업·농촌의 공익적 기능과 농정 전환

〈표 4〉 도시민의 농업·농촌의 공익적 기능 유지를 위한 추가 세금 부담 찬반 여부

구분		사례 수	① 매우 반대 한다	② 대체로 반대 한다	①+②	③ 대체로 찬성 한다	④ 매우 찬성 한다	③+④	잘 모르 겠다	평균 (점/5.0)
2016		1,500	6.6	32.2	38.8	53.2	1.4	54.6	6.6	2.53
2017		1,500	2.7	38.7	41.4	44.2	9.6	53.8	4.8	2.64
2018		1,500	5.5	32.4	37.9	38.5	14.5	53.0	9.0	2.68
농촌 거주 가족 여부	있다	412	6.1	28.4	34.5	39.8	18.2	58.0	7.5	2.76
	없다	1,088	5.3	33.9	39.2	38.1	13.1	51.2	9.6	2.65

자료: 《KREI》 177호(2019.1.31), '2018년 국민들은 농업·농촌을 어떻게 생각하였나?'

게 나타난 반면에, 19~29세의 젊은층(58.3%), 농촌 거주 경험이 없는 층(66.6%), 그리고 농촌 거주 가족이 없는 경우(69.5%)에는 긍정적 응답률이 상대적으로 낮게 나타났다. 이렇게 젊은 층일수록 농촌 거주 경험이나 가족이 없는 경우에 농업·농촌의 가치에 대해 소극적인 점은, 농업·농촌 그리고 농민의 입장에서는 앞으로 유념하여야 할 사항이다.

이상에서 본 것과 같이 농업·농촌의 공익적 기능에 대하여 기본적으로는 긍정적인 태도를 보이기는 하나, 그 내면을 보면 장래를 낙관할 수 없다. 도시 소비자들이 어떻게 해야 긍정적인 태도를 유지 또는 강화할 것인지는 우리 농업·농촌의 미래를 열어나가기 위한 과제이다. 그 해결의 관문은 농민들이 도시 소비자들을 끊임없이 배려하고 상대방을 인정하는 위에 상호 소통을 통해 그 관계를 더욱 강화해나가는 길

일 것이다.

　농협의 '농업 가치 헌법 반영 1천만 명 서명운동'에 즈음하여 농민신문이 여론조사 전문기관인 한국갤럽과 함께 2017년 11월 27일부터 29일까지 전국 만 19세 이상 60세 미만의 성인 남녀 1,021명을 대상으로 실시한 '농업·농촌의 가치 국민인식 조사'에서도 공익적 기능의 중요성과 필요성에 대하여 84.2%가 긍정적 답변을 보였다. 또한 공익적 기능이 유지될 수 있도록 국가적으로 지원해야 한다는 데 대해서도 83.9%라는 높은 비율이 긍정적 답변을 보이고 있음은 농촌경제연구원의 조사보다도 더 긍정적인 태도로 나타나 농업·농촌을 위해 매우 고무적인 일이라 할 수 있다.

　그러나 농민신문과 한국갤럽의 동일 조사에서 정작 '공익적 기능'이라는 용어 자체를 모르는 사람이 54.6%로, 알고 있다는 응답인 45.4%보다 오히려 높게 나타난 것은 농업·농촌의 공익적 가치란 용어에 대한 국민의 이해가 부족하다는 것을 의미하고 있다. 공익적 기능의 헌법 반영을 위한 농민의 노력도 공익적 기능이나 그 가치에 대한 소비자와 농민 간의 이해를 높이기 위한 국민 사이에서의 분위기를 형성하는 데는 성공했을지 모른다. 그러나 이 노력의 결실을 맺기 위해서는 우선이 개념이 무엇인지에 대해 국민 모두가 알려는 실질적 노력이 필요해진다. 이러한 개념에 대한 이해가 높아진 후에는 이를 성취해가는 길에 나아가기 위한 생산자와 소비자 양자 사이의 상호 소통을 높여나가는 일이 더욱 절실하다는 필요성을 나타내고 있다.

소통과 공감

농업의 공익형 직불제 정착가 팬데믹 극복의 길

농업 · 농촌의 공익형 직불제 도입 · 정착을 위한 과제

제 5 장
농업 · 농촌의 공익형 직불제
도입 · 정착을 위한 과제

가. 공익적 기능의 이해와 실체

　소비자는 물론 공익적 기능 창출의 주역을 담당해야 할 농민에게조차도 이 개념은 생소하다. 농민신문이 헌법 반영을 위한 국민 소원과 관련하여 2017년 11월 27~29일 동안 한국갤럽과 공동 조사한 결과에도 농업 · 농촌의 공익적 개념을 알고 있다는 국민의 응답 비율은 절반에도 미치지 못할 정도였다. 그때로부터 2년이 지난 현재에는 국민 사이의 인지도가 다소 높아졌겠지만 공익적 기능의 개념이 토양의 물리적 현상과 화학적 반응 등 자연적 현상으로부터 전통문화 등 인문적 현상까지 아우르는 광범위한 내용을 포괄하고 있어서, 그 세부 내용까지 온 국민이 파악하기는 결코 쉬운 일은 아니다.

2019년 10월 25일 정부가 WTO 협정에서의 개도국 포기를 선언하기에 이르자 이에 대한 농민 단체의 즉각적인 반대 의견이 표출되는 가운데 10월 29일 농협의 농정통상위원회 조합장 일동 명의의 대정부 국회 건의문이 채택되었다.

그 건의문은 농업 예산 확대와 직불금 예산 단기 3조 원, 장기 5조 원 이상의 확대 책정 등 농업의 공익적 기능 확산을 통한 국가의 책무를 다하기를 요구하는 내용을 담고 있다. 그리고 농업의 공익적 기능으로 식량 안보, 농촌 경관 및 생태·환경 보전 등을 열거하면서 이를 육성하는 것은 국가의 당연한 역할이라고 규정하고 있다. 여기에서 공익적 기능에 대한 국가 지원을 국가의 의무라고만 규정할 뿐, 공익적 기능에 관해 농민들이 어떻게 받아들이고 이를 만들어가기 위해 무엇을 기여해야 하는지에 대해서는 언급이 없음은 많은 것을 생각하게 한다.

사실 농산물 판매에 의한 소득 실현만으로는 식량 안보 기능, 농촌 경관 및 생태·환경 보전 등 농업의 공익적 기능에 대한 보상에 충분하지 못할 뿐만 아니라 농촌 거주 환경도 도시에 비해 열악한 것은 사실이며, 이의 개선을 위한 국민 관심과 지원이 필요한 것도 사실이지만, 이 공익적 기능에 대해 농민 자신들은 어떻게 생각하며 어떠한 자세를 갖는지를 간과하고 있는 것이다.

충분한 반대급부 없이 제공하는 공익적 가치, 그리고 그에 대한 정부 대책을 요구하는 농민으로서 이 공익적 가치에 대해 자신들이 어떠한 생각과 각오를 갖는지, 또 어떠한 자세로 임하는지는 농민이기 이전에

한 인간으로서 자기가 할 일에 대한 스스로의 마음가짐이며 인격체로서의 자기 모습을 결정하는 주요 요인이 된다.

사실 공익적 기능이 이제 막 새롭게 등장하는 개념으로, 여기에 대해서는 소비자는 물론 공익적 기능을 주도하는 위치에 있어야 할 생산자 농민도 깊은 생각을 할 여유가 아직은 없었기 때문에 이에 대한 이해 부족은 어쩔 수 없을지도 모른다. 따라서 이 기능의 진정한 의미에 대한 깊고 정확한 이해는 공익적 가치가 이 땅에 올바르게 정착하기 위한 앞으로의 과제가 된다.

아직까지 국민들에 알려지지 않았던 생소한 개념을 농민들이 어떤 모습으로 받아들이고 이에 대해 어떤 각오를 갖는지는 정부 정책의 성공적인 정착과 실현은 물론 농업·농촌의 미래를 위해서도 중요하다.

나. 공익적 기능에 대한 바람직한 농민의 입장

농업·농촌의 공익적 기능이나 가치는 농산물이라는 농업 생산 결과만으로 완성되는 것이 아니라, 농업 생산의 준비와 마무리 단계를 포함하는 전 과정과 결합되어 생성되는 것이기도 하다.

일례로 식량의 안정적 공급이라는 공익적 기능은 일차적으로는 단기적 생산 결과와 연결되는 기능이기는 하지만 장기적인 식량 안정 공급 기능은 토양 보전이라는 또 다른 공익 개념과 결부되어 나타나기도 한다.

또 농촌 환경 보전, 경관 보전, 문화유산 보전 등의 공익 기능은 농촌에 거주하는 농민과 도시 거주 소비자 모두에게 이익을 주기 때문에 이 기능을 수행하는 농민으로서는 자기와 자기 주변은 물론 멀리 떨어져 있는 소비자까지 이익을 나누어주는 가치를 갖는다. 즉 멀리 떨어진 타인에게까지 이익을 나누는 결과로 이어지는 행위이다.

인간은 본능적으로 자기 생존을 위한 이기적 성향을 타고나지만 이 성향만에 매몰될 때 농산물을 소비해주는 상대방에 대한 관심과 배려를 가질 여유가 생겨나지 않는다. 농민들에게 자기 자신이 아닌 도시 소비자들에 대한 관심과 배려가 존재하지 않는다면 공익적 기능은 성립할 수 없기 때문에 농민들 마음속에서 자기가 아닌 농산물 소비자를 배려하는 마음의 존재는 공익적 기능 성립을 위한 첫째 관문이 된다. 그러면 타인에 대한 배려심의 존재를 결정하는 원천은 무엇인가? 참고로, 우리 법체제에서의 공익적 기능의 6개 항목 중 식량 안보 기능은 농민의 이러한 성향과 직접적 연관성이 미약할 수도 있겠지만, 국토 환경이나 생태계 보전 등 여타 5개 항목에 대해서는 자신의 이기적 성향만으로는 만들어내기 힘든 기능들이라 할 수 있다.

앞선 세대에서 후세로 이어지는 인간의 몸을 구성하는 원천이 되며 개개 인간의 특성을 규정하는 유전자는 이기적 성향을 가지지만, 이기적 유전자와는 상반되게 다른 사람에 대한 관심과 배려를 지향하는 특성을 지닌 인성도 또한 존재하는 것은 '밈(meme)'이라는 인자 때문이라고 설파한 사람은 영국의 진화생물학자 리처드 도킨스(Richard Dawkins, 1941~)이다.

소통과 공감

인간의 몸은 유전자가 만들지만 상대방에 대한 배려심의 원천이 되는 밈은 인간이 태어나서 우리 생활 속에 살아 있는 언어, 몸짓, 표정, 종교, 예절 등의 문화를 통해 사람에게서 사람으로 전달되는 힘을 갖는다고 리처드 도킨스는 설명하고 있다. 유전자는 자기 혈통을 통해 자기 후손이라는 제한된 범위로만 전달되는데 비춰, 이 밈(meme) 인자는 동시대 주변 사람들이나 후세에까지도 전달되면서 더 넓은 전달 범위를 포괄할 수 있다.

후세에게 직접 전달되는 이기적 성향의 유전자는 한 방향으로 흐르는 1차원적 양상을 보이는 데 반해 밈이라는 인자는 자손에게도 전달되면서 옆 사람에게도 전달되는 종횡의 3차원적 양상을 보이기 때문에 유전자보다도 훨씬 높은 전파력의 특성을 갖는다는 것이 고려대학교 의대 생리학 교수 나흥식의《What Am I》에서 설파되고 있으며, 2009년 2월 별세한 김수환 추기경의 각막 기증으로 많은 이들이 생명 나눔에 동참한 것을 그 예로 들고 있다.

인간 행동에서의 이기적 성향과 이타적 성향이 표출되는 흥미로운 두 소년의 사례가 독일 리히텐슈타인의 빅터프랭클연구소 창립자이며 철학 및 심리학 교수인 실존심리학자 알렉산더 버트야니(Alexander Batthyany)의 저서《무관심의 시대》에서 소개되고 있기도 하다. 여기에 등장하는 한 소년은 자기의 내면세계를 향한 관심이 아니라 단순히 다른 사람의 인정을 받기 위해 행동하는 사례이다. 이 사례를 통하여 저자는 사람들이 돈과 명성, 체면을 타인으로부터 인정받기 위한 욕망 때

무관심의 시대

한 소년이 배가 가득 담긴 큰 바구니를 든 노부인을 마주쳤다고 가정해보자. 소년은 과즙이 풍부하고 신선한 배를 보면서 먹고 싶다는 욕망을 느낀다. 그래서 바구니를 집까지 들어주겠다고 말하면 노부인이 분명히 배 몇 개를 주지 않을까 생각한다. 소년의 생각대로 일이 진행된다. 소년은 노부인의 무거운 바구니를 들어주고 노부인은 그에 대해 고마움을 표시한다. 여기까지는 모든 것이 순조롭다. 소년의 동기가 지극히 자기희생적인 것이 아님에도 소년은 어쨌든 예의 바른 행동을 했고, 노부인을 도와주지 않은 것보다는 훨씬 나은 행동을 했다. 그가 얻은 것은 배 몇 개만이 아니었다. 소년의 자존심도 향상되었다. 즉 소년은 영리했고 자신의 계산대로 일이 진행되었다.

이제 똑같은 노부인을 만난 다른 소년을 상상해보자. 이 소년은 배보다 노부인을 먼저 보았다. 노부인이 굽은 허리로 바구니를 무겁게 끌고 가는 모습을 본 것이다. 이 순간 소년에게 자신의 젊은 혈기를 필요한 곳에 사용해야겠다는 의지가 떠오른다. 소년은 노부인의 바구니를 집까지 들어주고 그 대가로 배 몇 개를 받는다.

이 두 번째 소년이 얻게 되는 것은 무엇일까? 그는 '가치 그 자체' 즉 가장 인간적인 것, 그의 배려 속에 존재하는 유의미한 것과 만났다. 그것이 그에게 부수적인 효과로 무엇을 가져오는지와는 무관했다. 따라서 그는 자존감을 얻을 뿐만 아니라 실존적 의미를 깨우치면서 가치 의식도 향상될 것이다. 앞의 소년이 손을 털면서 "나는 참 잘했다."라고 말할 수 있는 반면, 두 번째 소년은 삶의 충만함을 받아들인다. "내가 존재한다는 것은 좋은 일이야!"(Lukas, E. (2000). Rendezvous mit dem Leben. München: Kösel, S. 46f.)

알렉산더 버트야니(Alexander Batthyany) 저, 김현정 역, 무관심의 시대,
p.238~239, 2019.11.28, 나무생각

문에, 진정한 삶의 의미와 기쁨에서 멀어지는 위험에 빠질 수 있음을 경고하고 있다. 이에 반해 또 다른 소년은 타인으로부터의 인정이 아닌, 타인의 내면세계에 대한 관심이 자기 행동의 기준이 되는 경우를 소개하고 있다(100쪽의 '쉬어 가는 페이지' 참조).

여기에서 편의상 첫 번째 소년을 A라 하고 두 번째 소년을 B라고 할 때, A는 이기심의 사례이고 B는 타인의 내면세계에 대한 관심의 사례가 된다. 이제 그 심리 상태를 분석해보면 다음과 같은 차이를 발견할 수 있다.

소년 A의 경우(이기심의 사례)

배를 먹고 싶은 욕망에 사로잡혀 있는 이 소년은 자기의 먹고 싶은 욕망이 앞서는 자기중심적 이기적인 성향으로, 노부인으로부터 자기의 친절을 인정받기를 원하며 노파의 내면에 있는 고통에 대해서는 관심이 없고 그 노부인이 자기의 친절을 인정해서 배를 주는 결과에만 관심이 있다. 만일 노부인이 자기에게 배를 주지 않았더라면 완전히 헛수고를 했음을 깨닫고 실망에 빠질 위험에 처한다. 이런 부류의 사람은 자기 자신을 열심히 일하게 하는 동기는 승진이나 급여의 인상이며, 만일 자기 동기가 실현되지 못할 때 오늘날 많은 사람에게 나타나는 지쳐 떨어지는 번아웃(burnout) 증후군에 빠지게 될 위험에 처한다.

소년 B의 경우(타인에 대한 관심과 배려의 사례)

이 소년은 노파가 자기의 노력을 인정해주는 외부적 표시 결과에는

제5장 농업 · 농촌의 공익형 직불제 도입 · 정착을 위한 과제

관심이 없고 관심의 초점은 배 바구니를 끌고 가는 그 노부인의 고통, 즉 노인의 내면에 있다. 따라서 이 소년이 노부인을 도와주는 것은 자신을 향한 노부인의 감사한 마음 때문이 아니라 무거운 짐을 운반하는 노부인의 고통에 대한 관심에서 비롯되는 것이며 자기에 대한 그 노부인의 평가에는 관심이 없다. 따라서 도움을 주는 소년의 행동에 대한 노부인으로부터의 가치평가, 즉 고마움의 사례로 배를 주든 말든 흔들림이 없다.

이상 살펴본 타인에 대한 관심과 배려의 원천인 밈의 세계를 농업·농촌의 공익적 기능에도 적용할 수 있을 것이다. 무의식의 세계에서도 농민들의 내면이 밈의 세계에 뿌리를 두고 농민이 공익적 기능을 수행하는 단계에 이르게 되면 농민 자신의 이기심을 충족하는 결과를 가질 뿐만 아니라, 밈이라는 인자도 충족하는 일거양득의 효과를 가질 수 있다는 결론에 이르게 된다.

물론 모든 농민들의 마음이 이런 상태에 있다고는 할 수 없겠지만, 농사와 일상생활에서 이웃과의 각별한 유대를 이어온 우리 농촌의 고유 전통과, 1960년대까지도 펄 벅의 '한국 기행문'(115~121쪽의 제6장 '나' 항 참조)을 통해 확인할 수 있었던 우리 농민의 감성지수는 우리 농민의 마음속에 넉넉하게 남아 있다고 상정할 수 있다. 최소한 그 불씨라도 살리고 키우려는 성향을 지닌 농민이 많아질수록 사회 전체에 미치는 긍정적인 효과를 확대할 수 있게 된다.

다. 농업·농촌의 공익적 기능의 생성과 그 수용자와의 관계

농업·농촌의 공익적 기능의 한쪽에는 그 기능을 생성하는 개인과 집단이 있고 다른 쪽에는 생성된 공익 기능을 받아들이는 개인과 집단이 존재한다.

국민을 ① 농민과 그 가족 ② 농촌 거주 비농민과 그 가족 ③ 도시 거주 비농민과 그 가족의 세 부류로 구분하고, 농업·농촌의 공익적 기능을 어느 집단이 생성하며 어느 집단이 이를 받아들이는 수용자의 위치에 있을지를 살피기로 한다.

물론 도시에 거주하며 농촌 현장의 농장으로 출퇴근하는 농민도 존재할 수 있지만 모든 농민은 농촌에 거주한다는 가정하에 검토하기로 한다. 또한 모든 농민이 자기 소비 농산물의 전 품목을 생산하지 않으며 그 일부를 유통 경로를 통해 구입하기는 하지만, 자연과 친숙한 환경에서 생명을 가꾸는 농업 생산의 특성을 공유하기 때문에 동일 특성을 갖는 것으로 상정하였다. 이와 함께 농촌 거주 비농민도 도시와는 다른 독특한 농촌 공간에서 이웃 농민과 접촉 기회도 빈번하며 이웃과 더불어 함께하는 문화에 익숙해지면서 도시와는 다른 농촌 문화에 동화되는 것으로 간주하였다.

이러한 가정하에서 전국 국민을 ① 농업 생산에 종사하는 4%의 농민과 그 가족 ② 농업 생산에 종사하지는 않지만 농촌 지역에 거주하는 5%의 비농민과 그 가족 ③ 91%의 도시 거주 비농민과 그 가족 등 세

부류로 분류할 수 있다(2018년 12월 현재).

위 세 부류의 국민 분포를 농업·농촌의 공익적 기능의 생성과 수용의 관계와 연결해본다면, 공익적 기능의 주요 형성자는 4.5%의 농민, 그리고 그 주요 수용자는 91%의 도시민으로 분류될 수 있고, 4.5%에 해당하는 농촌 지역 거주 비농민들은 농업·농촌의 공익적 기능을 농민과 함께 키우는 보조 생성자의 위치에 있기도 하지만 농업·농촌의 공익적 기능을 가장 근접한 거리에서 수용하면서 도시지역에 전달하는 위치에 있는 집단이기도 하다.

농민이 수행하는 농업·농촌의 공익 기능은 존재하는 것만으로 그 의미가 완성되는 것이 아니라 존재하는 그 기능에 대해 소비자의 관심이 있어야 비로소 그 존재 가치가 발휘되는 특성을 갖는다. 또한 농촌 환경의 보전이나 농촌 사회의 활력은 농업·농촌에 대해 농민 스스로의 관심이 생겨나서 자신들의 생산 활동과 생활하는 모습에 관심을 갖고 배려할 때 생겨나고 자라나며, 이러한 농촌 내부에서의 변화가 먼저 일어날 때 비농민들도 농업·농촌의 공익 기능에 대해 관심을 가지면서 공익 기능의 진정한 의미가 완성된다. 이런 특징에서 볼 때 농촌에 거주하는 비농민들은 농민이 공익적 기능을 원천적으로 생성하는 단계에 직접 참여할 뿐만 아니라, 농민들이 주도적으로 생성하는 공익적 기능을 직접 체험하며 전국으로 전파하는 주요한 역할을 수행하기도 한다.

전 국민의 4% 수준인 농민을 제외한 비농민 집단이 생산 결과인 농산물에만 관심을 두고 생산과정이 어떠한지 그 생산 동기가 무엇인지에 대해서는 관심이 없다면 농업·농촌의 공익적 기능이 생겨날 여지는 축소된다. 소비자가 농민과 함께 생산과정에도 관심을 가지고 생산과정에 대해 자신이 바라는 바를 적극적으로 농민에게 전달하는 과정, 즉 양자 사이의 연결과 소통이 수반될 때 공익 기능은 효율적으로 생성될 뿐만 아니라 앞으로 그 수용 속도 또한 빨라진다.

지금까지 살펴본 농업의 공익적 기능이 성립하고 정착하기 위한 관건은 ① 공익적 기능을 생성하는 농민의 마음속에 자기 이외의 타인에 대한 관심과 배려를 가지는 성향이 존재해야 하며 ② 생성된 공익 기능을 수용하는 소비자가 그 기능에 대한 관심을 갖기 위해 마음이 열려야 하며 ③ 이들 양자 간의 연결을 위한 교감의 통로, 즉 소통의 길이 열리고 그에 따르는 상호교감의 영역을 확보해야 한다는 세 가지로 요약된다.

농업·농촌의 공익적 기능이 성공적으로 정착하기 위한 조건은 이를 주도적으로 생성하는 농민과 그 기능을 수용하는 도시 거주자인 소비자 양자 간의 공감의 영역을 넓게 확보함이 핵심 관건이 된다고 할 때 농민과 소비자가 함께 거주하는 도농 복합 지역에 거주하는 비농민 주민들의 역할이 매우 중요함을 다시 한 번 강조한다.

라. 농민·소비자 간 이해 증진과 소통의 계기

우리나라에서 도입 필요성에 대한 총론에서는 쉽게 합의에 도달했으나 실제 도입되기까지는 10년 이상 동안 험난한 고비를 넘긴 고향세의 경우도 그렇고, 그리고 법제화가 실현은 되었으나 그 실적이 부진한 농어촌 상생기금을 보더라도, 농민과 소비자 양자 간 농업·농촌의 가치와 소중함에 대한 합의와 이해가 아직은 부족함을 반증하고 있다.

물론 고향세를 주고받는 주체는 도시지역과 농촌 지역의 지방자치단체이며 무역이득 공유제와 상생기금의 실천 주체는 기업체이기 때문에, 농민과 소비자 간의 농업·농촌에 대한 이해의 결여와 직결되는 것은 아니다. 그러나 도시지역 지자체와 무역 이익을 실현하는 기업체는 결국 도시민을 주축으로 하는 농산물 소비자로 구성되며 농촌 지역 지자체는 농민을 주축으로 구성되기 때문에, 결국은 소비자와 농민 간의 농업·농촌에 대한 이해 부족이 그러한 지원 필요성에 대한 공감대 형성 실패의 원인이라는 결론에 이를 수 있다.

서로 다른 지역에서 일정 기간 이상 바쁜 일상에 매몰된 채 각자의 고유한 생활 패턴을 이어가다 보면 이질화된 집단이 될 수밖에 없고 양자 간에는 서로 상대방을 이해하기 힘든 틈새가 생기게 된다. 서로를 모른 채 관심과 배려의 교환 없이 오랜 세월이 지나게 되면, 상대방이 이제는 자기에게 도움을 주는 친구도, 해로움을 끼치는 적도 아니며 단지 무관심의 대상일 뿐이다.

오랫동안 상호 무관심해왔던 상대방과 새로운 관계를 맺기 위해서는 우선 상대방이 누구이고 그 정체가 무엇인지를 알아야 하며, 그러기 위해서는 그 전 단계로 상대방이 잠재적인 친구인지 적인지를 판단하는 과정을 거쳐야 새로운 관계를 맺을 수 있다.

오늘날 사회에서 어느 나라나 어느 조직이건, 심지어는 매일 얼굴을 마주하는 몇 명 안 되는 가족 내에서도 소통의 결핍은 심각한 사회문제로 떠오르고 있다. 또한 새로운 소통을 열어가는 쉽지 않은 과제를 정치에서도 직장에서도 일상으로 마주하고 있다.

오랫동안 서로를 모른 채 무관심한 상태의 양자 관계를 이어온 사이에서 소통을 열어가는 과제는 아무런 노력 없이 우연히 성취되는 것이 아니라 마음의 지향을 담은 의도적인 노력이 작동할 때 성취될 수 있다. 그 소통을 열어가는 의도적인 노력을 키우는 길에 대해서는 제7장에서 논의하기로 하고, 이어지는 제6장에서는 코로나19의 갑작스런 등장을 소개하기로 한다. 왜냐하면 농업의 공익형 직불제와 코로나19 발생이라는 두 사건은 전혀 별개의 사건이기는 하지만, 두 개 사건의 해결을 위한 길에서 발견하는 해법에서 공통점을 찾아볼 수 있으리라는 기대가 존재하기 때문이다.

소통과 공감

농업의 공익형 직불제 정착과 팬데믹 극복의 길

공익형 직불제 출발점에 등장한 코로나19와 팬데믹의 진행

제 6 장
공익형 직불제 출발점에 등장한
코로나19와 팬데믹의 진행

가. 코로나19의 상륙과 팬데믹의 진행

우리나라에서 농업의 공익형 직불제는 2020년 5월 1일 법률적인 뒷받침과 국가 예산 지원 아래 첫발을 내디뎠다.

2020년 1월은 직불제의 공식적인 출범을 앞두고 농민과 공무원 등 관련 조직 종사자들이 한창 열심히 준비하고 있을 무렵이었으며, 우리나라에 코로나19가 상륙한 것은 바로 그 시점이었다. 우리나라 농업 분야의 공익형 직불제 출발과 코로나19 질병의 등장이 같은 시기에 진행됐다는 사실은 물론 우연일 것이다. 그러나 코로나19의 전염은 전 세계적인 일이지만 그해에 농업 공익형 직불제를 출발시킨 나라는 아마 우리나라뿐일 것이다. 우리나라에서 두 사건의 시기적 일치가 혹시라도 어떤 의미가 있는지, 만일 있다면 그 의미가 무엇인지, 나아가서 그 우연한 일치로부터 배워야 할 교훈이 있는지 찾아보는 것은 무의미한 노력만은 아니라는 믿음에서 탐구를 시작한다.

코로나 19의 위협

2019년 말경 중국 우한시에서 시작된 코로나19는 결국 2020년 3월 세계보건기구(WHO)가 팬데믹으로 선언했을 만큼 그 위력을 키워나가기에 이르렀다. 세계보건기구가 코로나19를 팬데믹으로 선언하게 된 것은 인류가 면역력을 갖추지 못한 채 전 세계적으로 널리 감염·전파되는 질병으로서의 위험을 갖고 과거 장티푸스, 천연두나 콜레라 등과 같은 정도의 위력을 갖추고 있음을 의미한다.

코로나19 질병의 심각성은 그 위력이 한 나라의 국경을 넘어 국제적으로 번지며 지역적 확장력이 클 뿐만 아니라 또한 재창궐과 진정의 진폭 현상을 보이면서 시간적으로도 연장 가능성이 높다는 점이다. 한 나라 안에서는 나라 구석구석까지 그리고 언제 끝날지 모르는 불확실성 아래 무섭게 빠른 속도로 번져나가며 팬데믹으로까지 발전한 것은 더욱 두려운 일이다.

이번 코로나19의 팬데믹이 더욱 위협적인 것은 그 바이러스의 변이종이 재빠르게 발생하고 있는데 '선택압'이란 특수 현상까지 나타나 현재 착실하게 진행되는 백신 보급의 위력을 절감시키고 있다는 점이다.

생물 세계에서 '선택압'이란 생물체가 서식처에서 살아남을 수 있도록 해주는 힘이다. 그가 처한 환경에 알맞게 생존에 유리한 형질을 갖도록 유도하는 힘인 생물적·화학적·물리적 요인을 모두 포함하고 있다. 바이러스 전문가들은 바이러스는 일정한 방향에 따라 변이하지 않으며 특정의 환경이 발생하면, 즉 선택압의 독특한 여건이 조성되면 그에 알맞은 새로운 방향의 변이종이 생겨 우세종으로 발전한다는 것이다. 실제 코로나19 중증 환자의 치료에 활용되는 혈장 치료법 등의 여러 치료 방법이 장기적으로 진행될 때 변이가 더 자주 발생하고 있음은 선택압이 작용하기 때문이라고 한다.

사회적 거리두기도 코로나19 바이러스의 입장에서는 또 하나의 선택압으로 작용해서 그 환경에 적응하는 바이러스의 특성을 키워나간다. 인체에 감염된 후 체내에서 복제·증식하는 속도와 양을 높이면서 바이러스의 감염력을 높여나갈 수 있음은 당면하고 있는 또 다른 두려움의 대상이다. '단계적 일상 회복(또는 위드 코로나)'이라는 환경 변화도 코로나19의 입장에서는 또 하나의 환경 변화와 선택압으로 받아들일 수 있어 인류에게는 새로운 위협이 닥쳐올지도 모른다. 우리보다 앞서 위드 코로나를 체험하는 여러 나라의 사태가 이를 실증하고 있다.

팬데믹이 더욱 두려운 것은 질병의 차원을 넘어 경제적·사회적으로까지 인류에게 더욱 넓고 깊게 심각한 부작용을 안겨주기 때문이다.

팬데믹의 부작용과 그 치유의 길

인간 이기심의 절제 없는 발로와 확대로 자연계에 대한 분별 없는 침범과 훼손이 계속될 경우 또 다른 바이러스의 발생은 얼마든지 가능하고 또 다시 팬데믹을 불러올 수 있다.

바이러스성 팬데믹이 더욱 두려운 것은 그 치유를 위해 필요한 '사회적 거리두기'와의 동행이 불가피해지고, 그 결과 질병의 차원을 넘어 현재 전 세계가 경험하는 사회 전반에 걸친 어렵고 긴 부작용이 지속되며 확산될 수 있기 때문이다. 더욱이 팬데믹의 진행은 그 특성상 사전 예측과 전망이 용이하지 않아 인류 사회가 쌓아온 경제적·문화적 업적을 무력화시키며 인류의 앞날을 어둡게 할 수 있다.

사회적으로는 개인 간 인간관계의 단절 현상이 확대되면서 고독감, 우울증이 팽배하며 자살률이 높아지는 문제도 현재 경험하고 있다. 취업 기회의 불균등 빈부 격차와 문화적 격차의 확대가 진행되면서, 경제 침체로 인한 불안 요소가 더욱 확대되는 불행의 늪으로 빠져들게 될 것이다.

이번의 팬데믹 위기가 진정되어 다시 정상 사회로 복귀할 수는 있겠지만 그 정상의 기간이 얼마나 지속될지는 예측 불가능하다. 이런 예측 불가능 시대에 대비해 앞으로 우리 개인이 면역 기능 강화를 통해 사회 구성원의 기초 건강 상태를 향상시켜나가는 데 기여하는 사회 분위기가 있다면 그 길을 찾아 나서야만 한다.

사회 구성원의 기초 건강 상태 향상은 애초에 감염가능성을 낮출 뿐만 아니라, 전염병의 발생후에도 감염자의 조기 회복에는 물론 전반적 사회 분위기를 밝게 하는 데에도 기여할 것이며, 이는 팬데믹 발생 여부에 관계 없이 인간 사회가 추구해야 할 소중한 가치를 지닌다.

나. 코로나19 팬데믹 위협 시대에서의 인간 탐구

현재 눈앞에 닥친 코로나19로 촉발된 팬데믹의 진정과 또 다른 팬데믹의 예방에도 효과 있는 대책을 마련하려면 우선 인간이 지닌 근본적 특성을 규명해내는 것이 필요하다. 왜냐하면 인류가 지닌 본성에 근거하는 맞춤형 대책을 발견할 때만이 앞으로 연이어 닥쳐올 위험에서도 효험 발휘가 가능하기 때문이다.

인간을 형성하는 요소는 육체와 의식의 세계라고 알려져 있지만, 인간의 의식 세계에 대한 규명은 철학 · 심리학 등의 인문학 뿐만 아니라 사회과학이나 의학적 규명에까지 이르는 광범위한 학문 세계를 포괄하는 어려운 일로 저자의 능력 범위에 있지 않다.

이 책에서는 저자의 지식과 경험 내에서 거칠게나마 파악 가능한 인체의 물리적 구성에 관한 규명에서부터 출발하기로 한다. 인체의 물리적 특성은 의식 및 정신세계에까지 결정적 영향을 줄 개연성이 매우 높으며, 다행히 저자로서도 농협에서의 맡은 일을 통해 인체의 물리적 구성이 무엇인지에 대한 수많은 의문과 관심을 가지고 여러 방면으로 직접 부딪치며 생각해본 경험을 갖고 있기 때문이다.

인체의 물리적 구성 인자를 생각한다면 우선 물을 빼놓을 수가 없다. 질량 기준으로는 인체의 70%가 물이며, 분자 수 기준으로는 인체를 구성하는 분자의 99%가 물이라 한다(제럴드 폴락 저, 물의 과학, 초판 2쇄, p.45, 2020.6.26, 동아시아 출판).

이렇게 인체 구성이 99% 또는 70%가 물이라면 우선 물에 대한 탐구가 필요하며 물의 특성을 규명할 때 인체의 특성과 나아가서는 인간의 정신과 의식세계의 기초까지도 미루어 짐작할 수 있을 것이라는 믿음에서 탐구를 시작하게 되었다.

지구 표면의 70%가 물로 구성된 것을 닮아 인체 질량의 70%를 차지하는 물은 끝없는 신비의 세계로 인도하는 안내자이며 육체를 넘어 인간의 의식세계에까지 절대적인 영향력을 행사한다는 가정에 기초하여 탐구를 이어간다.

다. 신비한 물의 세계 탐구

수맥 찾기 경험

1990년 초반 저자는 농협에서 농민·농촌과 접촉하는 연결 고리를 마련하며 지원하는 부서에서 일했던 귀중한 경험을 소유하고 있다. 그 때만 해도 농촌 현장에서는 농업용 물 부족을 해결하기 위해서 관정을 뚫기 위한 물 자리를 찾는 일은 중요한 일 중의 하나였으며 그 일환으로 직원들의 '수맥 찾기' 훈련 기회를 마련하였다.

그 당시 수맥 찾기 경험이 풍부한 강사분을 모시게 되었고 그때는 끈으로 연결하는 추를 활용하는 방법이 이용되었는데, 모든 사람이 수맥을 찾아내는 잠재력을 보유한 것은 아니며 전문가의 진단에 따라 능력

여부의 판단이 가능함을 알게 되었다. 우선 잠재적인 능력자만이 필요한 훈련으로 물 탐사가 가능한 것을 알았으며 저자는 소질이 없다는 전문가의 진단으로 훈련을 포기한 기억이 있다.

그 당시 수맥 찾기의 요체는 끈 달린 추를 들고 수맥이 흐르는 지점을 통과하게 되면 추의 진동을 통해서 수맥의 존재를 감지하게 되는 것인데 이때 수맥의 존재를 알게 하는 원천은 물의 파동이라는 설명이었다.

'물의 파동'이 있기 때문에 수맥 찾기가 가능하다는 전문가의 설명은 저자로서는 쉽게 이해할 수 없었지만 끝없는 신비의 세계였고 일생을 통해 언뜻언뜻 머리를 스쳐가는 탐구심의 원천으로 작용하게 되었다.

생물이 아닌 물이 땅속 깊은 곳에서 끝없는 신호를 보낼 수 있을까?

신호를 보낸다는 것은 물이 살아 있다는 뜻인가?

신호를 보내는 이유는 무엇일까?

신호를 보내는 이유가 자기의 존재를 알리려는 목적이 아닐까?

자기의 존재를 알리기 위한 것이라면 그 이유가 무엇일까?

혹시 물이 존재를 알리기를 원한다면 이는 자기가 다른 생명체와의 연결을 갈구하는 열망의 표현이 아닐까?

물은 생물체는 아니지만 생물체 대부분이 물로 구성되었다면 인간과 모든 생물체는 물의 특성을 보유하고 있지 않을까? 만일 그렇다면 모든 생물체와 인간도 다른 것과의 연결을 갈구하는 특성을 가진 것이 아닐까?

물이 생명의 기본이라면 모든 생명체는 물의 특성인 연결을 기반으로 생존하지 않을까?

인체 대부분이 물로 구성되었다면 인간도 결국 연결을 고리로 해서 출생하며 또 생존을 지속하고 있지 않을까?

위와 같이 물과 관련해 이어지는 질문에 과학적인 근거를 갖춘 해답을 구할 수 있다면, 우리 전통에서 전해지는 조상들의 지혜가 주는 선물인 '수맥 찾기'는 현대적 과학 세계로 진입하는 근거를 마련하게 된다.

물의 특성에 관한 과학적 규명

생물학자로 출발했지만 중도에 생물공학자가 되어 물의 과학적 탐구에 평생을 바치고 있는 미국의 제럴드 폴락(Gerald Pollack) 박사는 아직도 물에 관한 연구를 이어가는 현역 학자이다.

그가 물에 관한 연구에 집중하는 이유는 대부분의 과학자들이 단기적인 성과를 목표로 해서 좁은 분야에 매몰되어 근본적인 진리를 추구하고 자연현상을 폭넓게 설명하는 것을 포기하고 있기 때문이라고 설파하고 있다. 그는 일상적이고 매일 접하게 되는 우리 주변에 가까이 존재하는 것, 즉 물로부터 가장 근본적인 진리에 다가설 수 있다는 믿음에서 물을 과학적 탐구의 대상으로 선택하고 물에 관한 과학적인 진리를 탐구하기에 이르렀다고 고백하고 있다.

제럴드 폴락 박사가 발견한 물의 주요 기능은 변환 기능(transducer)이다(앞의 책, 물의 과학, p.197). 변환 기능이란 한 종류의 에너지를 흡수해서 다른 종류의 에너지로 변환시킨 후 에너지를 방출하는 기능을 의미한다. 즉 물은 태양에서 발원하는 복사에너치를 흡수하고 이를 변환하여 광학적, 물리화학적, 전기적 그리고 역학적 에너지의 4가지 형태로 방출한다. 이 중 하나인 전기적 에너지가 바로 수맥 찾기에서 감지하는 전자파동임을 저자는 늦게나마 알아내게 되었다.

농촌 현장에서 이어져 오는 수맥 찾기에서의 신비한 물의 신호는 바로 이 물이 지닌 변환 기능(transducer)에서 발생하는 방출 에너지의 한 형태임이 밝혀진 것이다.

우리 조상들이 농사에서부터 사후의 묫자리 결정에 이르기까지 실제 생활 현장에서 활용해오는 '수맥 찾기'는 단순한 전통이 아닌 확실한 과학적인 근거를 갖는 기술임이 늦게나마 밝혀지면서 조상들이 쌓아온 뛰어난 지혜를 증명하고 있다.

이와 같이 물의 변환 기능(transducer)이 작동하는 물 내부 세계에서의 역동적인 과정은 식물의 광합성 기능과 놀랄 만큼 흡사한데, 수맥 찾기에서 전해주는 물의 파동 기능을 기반으로 해서 광합성 기능이 완성되는 것으로 추정되고 있다(같은 책, 192~193쪽).

이와 같은 폴락 박사의 주장이 옳다면 지구상의 모든 생물체 사이에 먹이사슬의 기원이 되는 식물체의 광합성 기능은 물이 가진 신비한 물의 변환 기능에서 출발하는 셈이다. 그리고 그 변환 기능의 일부로 생기는 네 가지 방출 에너지 형태의 하나인 전자파동의 발신은 '물의 신비'를 표현하는 신호임을 알 수 있게 해준다. 이제 우리 조상의 지혜인 수맥 찾기에서 경험하는 '신비한 물'의 세계는 신호 방출을 통해 인류에

전하는 '귀중한 메시지'를 전달하고 있음을 깨닫게 된다.

폴락 박사가 밝혀내는 물이 갖는 또 다른 신비의 세계는 물은 '상호 끌어당기는' 특성을 소유하고 있다는 것이다. 물이 서로 끌어당기는 특성을 가졌음을 알 수 있는 우리 주변에서 흔하게 발견 가능한 현상은 두 가지이다. 첫째는 하늘에 떠 있는 물방울의 결집체인 구름이다. 흰 구름이 하늘에 떠 있음은 물방울끼리 서로 끌리고 결집하는 특성이 있기 때문이며, 만일 이런 특성이 없다면 물방울들이 흩어져서 뭉게구름 형상이 형성될 수가 없게 된다.

물의 응집 현상을 설명하는 또 하나의 현상은 바닷가의 모래이다. 모래가 물기가 없을 때는 서로 흩어지지만 파도가 지나가서 물이 스치고 지나간 자리에는 모래가 응집하며 단단해지는데, 이 현상은 바로 물이 결집하는 연결의 특성이 있음을 나타내고 있다는 것이다(같은 책, 218~219쪽).

요약하면 물의 과학적 규명에서 우리가 알 수 있는 물의 주요 기능은 변환 기능이며, 바로 이 기능에서 연유하는 전자파의 발신은 저자가 경험한 물의 신비한 세계를 과학적으로 규명하는 첫 단계가 되고 있다.

이어서 물의 특성을 규명하는 과정에서 또 하나의 주요한 특성인 물의 응집 현상의 이해에까지 도달하게 되는데, 물의 특성을 이어받은 인간이라면 인간 세계에서도 응집을 위해 상호 연결하는 특성이 있음을 깨우치는 단계에까지 다다를 수 있다. 결국 물이 전자파 형태로 보내는 신호의 의미는 물의 응집을 완성하는 수단인 '연결'을 갈망하는 표현으로 해석할 수 있다.

　인간 세계에서의 연결의 특성이 우리에게 전해주는 메시지는 실로 심오하며, 코로나19 팬데믹의 치유에까지도 활용될 수 있는 귀중한 메시지인 '연결'의 필요성을 인류에게 전달한다는 결론에 이르게 된다. 사실 물은 인체만이 아니라 코로나19 등 미생물을 포함하는 모든 생물체 구성의 기본요소임을 기억한다면, 연결이라는 물의 특성은 모든 생물체에 적용되는 특성으로도 해석 가능하다. 다만 인간이 갖는 독특한 연결패턴은 제각기 독특한 형태의 물적구성체인 다른 생물체까지는 그대로 연장 되지는 않을 것이다.

라. 자연계 · 인체에서의 연결

　인간이 물의 특성을 닮기 위해서는 서로 응집해야 하고 이 응집은 매우 탄탄한 '연결'의 힘이 작동해야 가능하다. 인간에서의 응집과 연결과는 다를지라도 자연계에도 응집과 연결 현상이 곳곳에서 발현하고 있음을 과학이 발전할수록 점점 더 많이 발견해내며 깨우쳐가고 있다.

　밤하늘에 펼쳐지는 무한의 우주계에서 제각기 떠도는 크고 작은 별들도 홀로 떠 있지 않고 만유인력의 원리 속에서 항성과 위성의 상호관계를 맺으며 그 나름대로의 질서를 유지하고 있다. 그뿐만 아니라 이 지구상의 자연계를 형성하는 수많은 종류의 생명체들도 잡아먹고 잡아

먹히는 먹이사슬의 관계로 연결되는, 즉 상호 연관성에 기초해서 질서를 유지한다는 것이 자연과학이 발달할수록 분명하게 밝혀지고 있다.

눈에 보이는 먹이사슬만이 아니라 지구상의 많은 생명체들은 각기의 노폐물을 다른 생물체가 활용하는 연결고리의 신비한 관계를 갖는다. 동물의 노폐물인 이산화탄소와 수분은 식물의 광합성 원료로 활용되고, 식물이 탄소동화작용 과정에서 버리는 산소는 동물의 생명 유지에 필수 불가결한 원천이 되면서 서로 노폐물을 활용하며 교환하는 '연결'로 맺어가는 생명 유지의 신비한 관계를 맺는다. 생태계의 연결 고리는 살아서만 유지되는 것이 아니라 죽어서까지도 무생물과 생물이 함께 매체로 작동하는 분해 과정을 통한 연결 고리가 개입한다.

인위적으로 또는 자연 발생적인 우발 사태로 인해 그간 유지되던 먹이사슬 관계의 연결 고리가 허물어져 생태 교란 사태가 발생할 때는 환경을 파괴하는 결과로 이어지면서 인간 생활을 위협하기도 한다. 그 비용이 막대하더라도 인위적 대처가 가능한 경우도 있지만 빙하의 소멸 등 대처가 불가능한 경우가 누적되다 보면 언젠가는 인류의 종말이 예견되는 불길한 사태가 다가올 수도 있다.

인체에서의 연결 사례

자연현상의 축소판이라는 인체 구조에서도 연결의 중요성은 여러 형태로 나타나고 있다. 우선 심장 기능의 작동과 혈액순환, 혈관을 통한 신체 각 부문 간 연결을 들 수 있다. 호흡기관과 소화기관으로 인체에 흡수되는 산소와 영양분이 혈관을 통해 필요한 신체 부위에 전달되고 노폐물이 교환되지 못한다면, 즉 인체의 각 부위 간의 연결 기능이 없다면 인체는 생명체로의 기능을 지속할 수 없게 된다.

인간의 모든 행동과 생각을 통제하는 뇌 구조를 알면 연결의 의미를 더 확실하게 깨닫게 된다. 사람의 뇌 구조는 인체 구조의 축소판인 동시에 자연계 운행을 닮았다고 한다. 이때 뇌세포의 존재만으로는 기억하고 사고하는 뇌 작용은 불가능하며 뇌세포 간의 연결의 힘으로 비로소 뇌 기능이 완성되는 것으로서, 즉 존재의 힘이 아닌 연결의 힘으로 뇌 기능이 완성된다는 사실이 알려지고 있다.

뇌세포는 뉴런(neuron)의 형태로 구성되는데 뉴런은 정보를 처리하고 전달하기 위해 특별히 변형된 세포이다. 뉴런은 각기 수행하는 기능에 따라 그 모양과 크기가 제각기 특이하기는 하나 공통적으로 수상돌기 (dendrite)라 불리는 나무 모양의 짧은 돌기가 여러 개 뻗어나기도 하고 축삭(axon)과 종말 단추 (terminal button)의 형태를 가진 모양으로 끝나기도 한다.

뉴런의 형태인 뇌세포는 독립적으로 뇌 기능이 작동하는 것이 아니라 시냅스(synapse)라는 형태의 뉴런 간의 연결을 통해서 비로소 그 기능이 성취되고 있다.(김정희 등 공저, 심리학의 이해, 2판 10쇄, pp.40~42, 2004.9.20, 학지사). 이러한 연결이야말로 뇌 기능을 완성하는 결정적 요인이 된다.

한 사람당 뇌의 뉴런 숫자는 많을 때는 1천억 개에 이르며 뉴런 한 개의 여러 축삭들이 다른 뉴런의 축삭에서 오는 종말 단추와 연결되는 총 시냅스 규모는 1천 개에 이른다고 한다(정재승 저, 열두 발자국, 초판 15쇄, p.70, 2018.9.5, 도서출판 어크로스). 즉 한 사람당 평균 1천억 개에 이르는 뉴런이 만들어내는 총 시냅스 숫자가 100조 개에 이른다는 것은 뉴런들 사이의 연결 기능이 얼마나 크고 활발한지 가늠하게 한다.

여기서 중요한 것은 뇌 기능의 발휘는 뇌세포의 '존재'로부터 연유하지 않고 그의 연결 형태인 시냅스의 '연결' 기능에서 발생하는 것이며, 이때 연결의 힘도 뇌세포에서 발원하는 **전자파로부터 연유하고** 있음이 뇌과학자들에 의해 밝혀지고 있다.

자연계뿐만 아니라 자연을 닮은 사람에서까지 그 육체 형성과 인식 작동을 가능하게 하는 기본 원리도 '연결'의 힘에서 나오는 것이라면, 오늘을 살아가는 인간의 삶도 사람과 사람을 이어주는 연결의 힘이 없이는 현실적인 사회의 구성과 운영이 불가능하다는 결론에 도달할 수 있다.

그러나 자연계에서의 상호 연결과 인간 사회에서의 상호 연결은 그 양상이 결정적으로 다르다. 자연계의 먹이사슬로 이어지는 연결은 의식이 개입하지 않고도 본능의 발휘만으로 성취될 수 있지만 사람 사이의 연결이나 인간 집단 간의 연결에서는, 물의 특성을 따르는 **전자파동이라는 역동성에** 기초해서 인간 내면으로부터의 의식 세계가 작동하고 그에 수반하는 구체적 행동이 나타나며 현실적 세계에서 타인과의 관계나 또는 주변의 사회생활로까지 이어지게 된다. 즉 인간 세계에서는 의식 세계의 **의도 있는 작동**에 의해서 연결을 완성해 나가게 된다.

물로부터 출발하는 연결의 세계는 실로 신비하다. 인체의 구성은 물질적 요소에 의해서 출발하지만 뇌 기능의 작동이 있기 때문에 육체와 정신세계의 연결이 가능해지면서 한 인격체로의 인간을 완성하게 된다. 그런데 그 신비한 연결 현상은 물로부터 연유하는 전자파동과 시냅스에 의해서 가능해지는, 즉 생명 탄생과 인체 활동의 비밀은 결국은 물에서 출발하는 물의 신비한 기능으로부터 발원한다는 **'물의 절대적 기능'**을 설명하고 있다.

그런데 이 연결 기능에 의한 완성이 한 인간 내부에서 이루어질 때는 한 인간을 완성하기에 이르지만 이 연결의 힘이 자기의 경계선을 넘어 한 단계 올라서며 한 인격체를 넘어서 다른 인격체에 연결되는 상태에서는 어떤 일이 전개되는지 살펴보기로 하자. 한 인간이 다른 인간과 맺어가는 단계에서의 관계는 한 개 인체 내에서 전개되던 연결 관계와는 다른 차원의 관계이다. 개별 인체 내부에서의 연결이 물질적 연결 고리에 기초하는 단순한 연결 관계임에 비해, 인간 사이에서의 연결은 인문적 연결 고리에 기초하는 복잡하고 차원 높은 관계이다. 이 사람 사이의 인간적 관계가 자라나고 깊게 형성되어 따스한 유대감 단계에 이르게 될 때 그 연결의 힘은 엄청난 위력을 발휘하는 사례가 등장하고 있다.

마. 바람직한 사회 연결망 형성과 그 효과

한 마을 주민들이 긴밀하고 따스한 인간 유대를 성취하고 이어갈 때 마을 사람들이 실제 살아가는 모습에 어떠한 영향을 주는지를 밝혀낸 흥미로운 자료가 있다. 이탈리아 주민이 20세기 초에 미국으로 이주해서 형성된 펜실베이니아주 인근 두 마을의 특성을 비교해, 50년간 (1935~1985) 마을 내 인간관계의 변화와 심장병 사망률 간의 관계를 분석한 자료이다. 의학적 역학(疫學, epidemiology) 연구 자료이기는 하지만 사회에서의 인간관계의 중요성을 일깨워주는, 울프(Stewart Wolf) 박사의 두 편의 논문『로세토 효과: 50년 동안의 사망률 비교』(1992)와 『공동체의 힘: 인간관계가 심장 질환에 미치는 영향』(1993)의 내용은 큰 참고가 된다(김승섭 저, 아픔의 길이 되려면, pp.287~296, 2017.9.20, 동아시아 출판).

여기에 등장하는 로세토 마을은 1920년대 초 가난과 기아에서 벗어나기 위해 미국으로 온 이탈리아 이민자들이 모국의 출신 지역인 로세토 발포토레(Roseto Valfotore)에서 따온 이름이다. 이 마을이 당시 일반적 미국 사회의 다른 마을에 견줘 특별했던 점은 헌신적 지도자와 협조자의 역할로 마을 전체가 높은 교육열, 아름다운 마을 만들기, 적극적인 정치 참여 등으로 단단하고 따스한 공동체 형성에 성공했다는 점이다. 예를 들면 부모를 잃은 고아나 파산한 가족이 생기게 되면 주민 모두가 함께 애도하며 참여해서 이들을 돌봐주는 상호부조의 마을 문화가 생겨난 것이다. 내가 속한 마을 공동체가 나를 보호해준다는 확신, 내가 위기에 처할 때 주변 사람들이 함께 해줄 것이라는 확신은 힘겨운 삶도 기꺼이 헤쳐나가게 하는 원동력이 된 것이다.

이렇게 마을 주민 간 공동체 의식이 높게 형성될 때 그 마을의 심장병 사망률이 비교되는 이웃 마을에 비해 현저히 낮아졌다는 것이 연구 결과의 핵심인데, 비교 대상 마을은 비슷한 시기에 이민 온 같은 이탈리아 출신들이 펜실베이니아주 바로 이웃에 형성한 방고(Bangor) 마을이었다. 즉 1955~1961년 사이 두 지역의 사망진단서와 병원 자료 기록을 검토한 결과, 로세토 주민들의 심장병 사망률은 1.6km 거리에 이웃한 방고 마을에 비해 현저하게(절반 수준) 낮았다는 연구 결과이다. 이때 심장병의 주요 위험 인자인 유전적 위험 인자 분포나 식수원 이용에서도 두 마을은 차이가 없었으나, 심장병 사망률에서는 유의미한 차이가 있었다. 특히 로세토 마을의 식생활이 과도한 지방질의 섭취 관행으로 비만 등의 문제가 있었지만 이런 놀라운 결과를 보인 것은 건전한 공동체의 효과를 설명하는 것으로 볼 수 있다.

이 효과는 로세토 효과(Roseto effect)로 알려져 있으며 이 연구를 계기로 미국에서는 공동체의 가치를 되돌아보게 되었고 사회적 연결망에 대한 중요성이 부각되기에 이르렀다.

그러나 1960년대를 지나면서, 과거 공동체 일에 적극적이며 자신의 부에 겸손하던 로세토 마을의 분위기는 차츰 깨지기 시작했다. 미국 전체의 개인주의적 분위기가 이 마을에 침투하기 시작하면서, 마을 공동

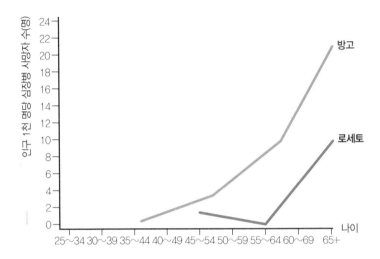

로세토와 방고의 연령별 심장병 사망률 비교 (1955~1961)

자료: 김승섭 저, 아픔의 길이 되려면, 289쪽, 2017. 9. 20, 동아시아출판

체에의 기여보다는 개인의 삶에 더 높은 우선순위를 두는 젊은이가 늘어나게 되었고, 1965년 이후 심장병 사망률은 그 이전에 비해 2배 가까이 늘어나고 결국은 이웃 마을 방고 지역과 비슷하게 된 것이다.

이 연구는 비록 의학적 역학 연구 자료이기는 하지만 마을 내 주민들이 함께 공감하고 함께 슬퍼하며 어려움에 공동으로 대처할 때, 즉 마을 전체가 건강한 공동체를 형성할 때 육체적인 건강에 미치는 긍정의 효과를 설명하고 있다.

타인을 향한 배려 증진과 마을 단위에서의 '연결의 힘'에 의해서 발휘되는 사회적 관계에서 발원하는 긍정적 효과가 인간 육체 건강의 범위에까지 긍정적 영향을 미치는 로세토 효과는 신비한 결과이며 팬데믹으로 인류 건강에 큰 위협이 되는 이 시대에 큰 교훈과 희망을 준다.

바. 인체에서 연결 사다리의 궤적과 바람직한 발전 방향

육체로서의 인체는 유기체의 연장이다. '신비한 연결의 힘'을 내재적으로 보유하고 있는 물을 주성분으로 하는 유기체의 하나인 인체는 인체만의 독특한 사다리의 궤적을 따라 한 단계씩 올라서며 인격체를 갖춘다. 이렇게 한 인간 완성을 향한 연결 고리를 쌓아간다.

1단계–인체 내부에서의 순환을 통한 각 육체 부위 간 연결의 완성
(순환과 연결로 육체의 완성)
인체 내부에서는 혈액과 여러 호르몬 등의 순환 기능에 의해서 연결 기능을 작동시키고 보완하고 있다. 순환은 연결을 완성하는 보완 수단이 된다.

2단계–인간 뇌 기능을 통한 육체와 의식 세계의 연결로 인간 완성
(한 개인으로서의 인격체 완성)
질량 기준으로는 70%, 분자의 구성으로는 99%를 차지하는 것으로 추정되는 물로 구성된 인체는 뇌의 시냅스 기능에 의해 의식 세계로 연결될 때 한 인간이 완성된다. 2단계까지는 물에서 발원한 연결 기능이 인체 내에서 단계적으로 사다리를 따라 올라서며 한 인간을 완성해가는 발전 궤적을 따르고 있다.

3단계–따스한 유대감의 긍정적 인간관계가 인체 건강에 기여
(로세토 효과)

앞의 2단계까지는 한 인격체 내부에서의 연결 기능으로 구성된 발전 궤적이었다면, 3단계에서는 한 인격체 내부를 벗어나 마을 단위에서 주민간의 따스한 유대감이 형성될 때 나타나는 건강 증진 효과인 로세토 효과이다.

이 로세토 효과가 인류 집단 구성에서의 최소 단위인 마을에서의 건강 증진 효과라면, 팬데믹 시대의 극복을 위해서는 따스한 유대감이 바탕이 되는 긍정적 인간관계에 기초하는 공동체의 지역 단위인 마을 단위를 넘어 더 넓혀나가야 할 것이다. 그 일환으로 인간 생존과 발전을 위해 선택하게 되는 사회조직인 기업체를 비롯한 여러 조직에서는 따스한 유대감의 범위와 강도를 확산해서 그 횡적인 효과를 넓히는 길을 찾아야 할 것이다.

건강 증진을 위한 길을 찾아 나서며 우선 인체 면역 기능에 대해서 살펴보자. 의학계에서는 전염병 등 각종 외부로부터 병균체 침입을 방지하기 위한 면역력 증강의 중요성을 강조할 때 면역력 증강을 저해하는 가장 큰 장애 요인의 하나로 인체 내부에서의 스트레스를 들고 있다. 오랜 기간 스트레스를 받게 되면 바이러스 침입 등 병균 감염에 취약해지며 상처 치유에도 더 많은 시간이 소요될 뿐 아니라 백신 접종 반응도 약화시킨다고 한다. 스트레스 뿐만이 아니라 전반적인 마음 상태인 감정도 면역력 크기에 영향을 준다는 주장이 등장하고 있다.

이와 같이 인체의 면역 기능은 몸과 정신 제각기에 의해서도 영향을 받지만 신체적 안녕 상태와 정신적 안녕 상태 간의 상호작용에 의해서도 영향을 받는다고 알려져 있다(다니엘 M. 데이비스 저, 오수원 역, 뷰티풀 큐어, pp.204~214, 2020.1.23, 21세기북스). 이때 한 사람의 정신적 상태를 결정하는 데에는 자기 정신 내부로부터 발생하는 자기가 책임지는 요인이 작동하기도 하지만, 다른 사람과 맺어가는 인간관계에 의해서도 또한 영향을 받게 된다.

앞에서 설명한 로세토 효과 이외에도 사회적 인간관계와 건강과의 긴밀한 영향을 밝혀내는 연구 결과가 수없이 등장하게 되었는데, 이는 의학 주변의 다양한 학문 분야와 함께 통계학도 발전하였기 때문이었다(김승섭 저, 아픔이 길이 되려면, pp.259~267, 2017.9.20, 동아시아 출판).

동양의 의학 세계에 와서는 심지어는 생각만으로 모든 질병이 치유된다는 견해까지 등장하기에 이르고 있을 정도로 한 사람의 정신 상태가 스트레스와 이어지면서 전체 건강에 대한 영향은 지대하다(김명호 저, 생각으로 낫는다. 2020.2.18, 역사비평사).

한 인간은 본인이 지금까지 쌓아온 지식·경험과 지혜에서 생겨나는 사람을 바라보는 시각에 의해서도 스트레스 상태는 영향을 받게 된다. 뿐만 아니라 수많은 건강의학 전문가들은 세상을 더 긍정적으로 바라보는 사람들과의 유대감을 증진할 때 자신의 치유 능력을 증대하는 효과가 있음을 주장하며 긍정적 인간관계의 중요성을 강조하고 있다(앤드류 와일 저, 권상애 역, 건강하게 나이먹기, 2007.6.22, 문학사상사).

이제 팬데믹의 위기를 맞아 이를 극복해가는 진로를 찾아나설 때 위의 로세토 효과에서 얻은 교훈을 기초로 하며 정신세계가 미치는 영향을 고려하면서, 향후의 인류가 지향해야 할 다음의 4단계 진로 제시가 가능해진다.

4단계-사회적 긍정 관계의 전방위적 확산으로 팬데믹 극복
(따스한 인간 유대감이 지배하는 건강 사회 진입)

긍정적 인간관계를 지향하는 특성을 보유한 개인들은 팬데믹 극복의 면역력과 체력을 보강하는 원동력을 갖추게 된다. 이런 체력을 갖추면서 타인에 대한 깊은 관심과 배려를 키울 때 인간 사이의 유대감을 마을 단위를 넘어 종적 획적으로 전파가능하다. 그러나 현실 세계에서 인간 사이의 유대감을 쌓아가고 광범위하게 넓혀가는 4단계의 길에 진입하기까지에는 수많은 어려움에 당면하게 된다.

사. 긍정적 인간 연결의 현실적 어려움과 바람직한 개선 방향

극대화된 이기심 유형의 세력 팽창 진행과 그 극복의 길

따스한 유대감 형성이 이루어지고 그 추세가 강화되며 뿌리를 내리는 사회의 실현은 세계 어느 곳에서도 고금의 시대를 통틀어 쉬운 일이 아니다. 그 성취가 어려워지는 가장 큰 이유는 이기심이 지속적으로 커지는 사람들이 그렇지 않은 사람들에 비해 지배 계층에 더 두텁게 포진하기 때문이다.

만약 이런 추세가 계속된다면, 그런 사회에서는 따스한 유대감으로 연결되는 인간관계는 점차 축소될 가능성이 높다. 이런 현상이 더욱 깊어질 경우 그 사회구성원 중 소외 계층들의 고독감은 더욱 깊어지게 되며 사회 양극화 추세 속에서 사회 불안정 심화로 종국에는 사회 전체를 파국으로 몰아가게 될 수도 있다.

코로나19와 같은 위험한 전염병이 불러오는 팬데믹 상태가 더욱 깊게 또 오래 지속될수록 건강 사회를 치유하는 기본 대책으로 인간의 따스한 유대감으로 이어지는 '연결을 지향'하는 공동체 정신을 키워나가는 과제가 중요하고 더욱 절실해지게 된다.

그렇다면 깊은 유대감으로 이어지는 따스한 인류 공동체 정신이 발원하는 원천은 어디에서 찾아낼 수 있는가? 그리고 그 유대감은 인간의 노력 없이 자연적으로 발원하는가? 아니면 인간 의지가 작동해야만 비로소 발원하는가를 규명할 필요가 있다.

이 질문의 답을 구하면서 우리는 인간의 의지 형성에 기초가 되는 인간 인지 기능이 원천적으로 어디서부터 발원하는지를 상기할 필요가 있다. 이때 우리는 뇌 기능의 발원인 시냅스 기능을 기억해야 한다. 그리고 인간의 인지 기능은 뉴런이라는 뇌세포의 존재에서 발원하지 않고 시냅스라는 특수한 연결 기능에서 발원함을 기억해야만 한다.

여기에서 또 다시 인간 인지 기능은 인간의 의지가 없이는 발생하지 않고 목적 있는 의식을 가진 시냅스의 작동이 있을 때 비로소 가능해진다는 추론까지도 가능해진다. 왜냐하면 인간 의식의 원천이 되는 시냅스의 연결은 뉴런(neuron) 그대로의 정지 상태에서가 아니라 특정 방향을 가지고 다른 시냅스를 찾아가는 움직임, 즉 시냅스(synapse) 간 작동 결과로 나타나는 현상이기 때문이다. 그 근저에서는 물의 특성이 정지하는 상태에 머무르지 않고 끊임없이 신호를 보내는 역동성을 지니고 있기 때문일 것이다.

이와 같이 인간의 뇌는 끊임없는 역동성을 보유하기 때문에 뇌세포인 뉴런의 세계에서는 시냅스가 작동하는 연결을 향한 의도적 노력이 축소될 때 한 인간에서 시냅스 기능의 총량은 제자리에 머무르는 것이 아니라 퇴보로 이어지는 역동적 특성이 연장된다.

인간 연령의 고하에 상관없이 어떤 이유에서든 생각하는 노력을 게을리할 때 한 인간의 뇌 기능 수준, 즉 인지 기능이 저하되는 것처럼, 한 사회집단이 사회 구성원 간의 따스한 연결로 맺어지는 유대감 형성을 향한 노력을 축소할 때 그 사회의 따스한 유대감 형성은 정체하는 것이 아니라 점차 소멸의 길에 들어설 수밖에 없을 것이다. 물의 역동성을 이어받은 인간 사회에서 인간 유대감이 정체될 때 그 정체는 지속되지 못할 뿐만 아니라 퇴보로 이어지고 결국은 소멸로 귀결하는 순서를 밟게 된다.

그리고 이렇게 따스한 유대감이 점차 소멸하는 사회에서의 불안 요인은 점차 높아지면서 한 사회가 4단계로 진입하지 못하게 되면 사회 전체의 건강 지수도 악화될 것이며, 특히 팬데믹의 위기가 발생할 때 그 대응에 실패하는 결과로 이어지게 되는 운명을 따르게 될 것이다.

그렇다면 인간 사회에서 따스한 유대감을 불러오고 높여주는 원동력은 어디에서 발원하는 것일까?

인간의 따스한 연대감을 높이는 원동력의 출처

모든 생물체가 태어나서 생존을 이어가며 성장하고 또 후손을 퍼뜨리는 것은 원천적으로 심겨서 이어오는 그들만의 독특한 유전인자를 보유하고 있기 때문이다. 인간도 기본적으로는 자기 유전자 속에 심겨 있는 이기적 본성을 기초로 자기 생존과 그 후손의 대 이음이 가능한 것은 다른 생물체와 동일하다.

그러나 인간은 생물체 중에서 유일하게 문화를 창조하고 쌓아가기 때문에 유전자의 힘만으로 생존하지 않고 인간만이 형성하는 나라와 지역만의 독특한 생활환경을 만들어내게 되는데 생물과학자인 리처드 도킨스(Richard Dawkins, 1941~)는 이를 밈(meme)이라고 명명하고 있다

제6장 공익형 직불제 출발점에 등장한 코로나19와 팬데믹의 진행

(리처드 도킨스 저, 홍영남·이상임 역, 이기적 유전자, pp.372~376, 2018.8, 을유문화사).

　이 밈의 세계가 형성될 때 자기 자신만의 생존을 위한 이기심의 범위를 벗어나서 타인에 대한 배려와 사회 전체를 생각하는, 즉 이기적 유전자의 특성을 넘어서는 새로운 세계인 밈의 특성이 발휘된다고 설명하고 있다. 대중예술계에서 단순히 남을 모방하는 것을 밈이라고 부르기도 하나, 리처드 도킨스 박사가 도입한 진정한 의미의 밈에 대한 오해를 불러올 수 있는 해석임을 기억해야 한다.

　현실 세계에서 이기심을 기준으로 인간 유형을 크게 분류한다면 살아가면서 타고난 이기적 본성을 지속적으로 키워나가는 유형이 있을 수 있고, 타인에 대한 관심과 배려심을 키워나가며 밈(meme)의 특성이 상대적으로 커지는 또 다른 유형으로 구분할 수 있다. 그러나 현실 세계에서는 많은 사람들의 마음속에서는 이기심과 밈(meme)이라는 별개의 특성이 공존하면서 그때 그때의 상황에 따라 이기심의 상대적 크기가 변하는 유형은 세 가지로 구분할 수 있을 것이다.

제1유형 – 이기적 본성을 지속적으로 키워가는 유형
제2유형 – 타인에 대한 관심과 배려심을 키우는 밈(meme)의 세계가
　　　　　　상대적으로 커지는 유형
제3유형 – 이기심과 밈의 세계가 병존하며 상황에 따라 양자의 상대적
　　　　　　크기가 변화하는 유형

현실 세계에서 시대와 나라에 따라 나타나는 유형별 분포는 제각기
의 독특한 문화에 따라 그 구성비가 달라지겠지만 제1유형과 제2유형
에 속하는 사람 수 보다는 제3유형에 속하는 부류가 대다수를 차지하는
것으로 알려지고 있다.

팬데믹 치유를 지향하는 원동력 제고의 방향

인간이 보유하는 이기적 유전자가 없었다면 인류의 생존과 지속은
불가능하기 때문에 이기적 유전자는 인류 생존에 불가결한 요소이다.
뿐만 아니라 인간 생후에 발생하며 커지는 타인에 대한 배려심을 키우
는 인자인 밈(meme)의 뿌리도 결국은 이기적 유전자로 이 유전자의 영
향력을 벗어날 수는 없다(앞의 책, 이기적 유전자, pp.366~376).

현실 세계에서도 제1유형에 속한 사람들은 우리 사회의 발전을 자극
하며 다양한 활력의 원천이 되는 등 긍정적인 면을 가지고 있다. 이와
함께 인간 사이의 유대감 형성에 장애가 되는 부정적인 면도 동시에 지
니고 있으면서 현실 세계는 이타적 성향의 밈의 특성을 더 많이 키우는
제2유형의 사람들과 제1유형의 사람들은 서로 보완하면서 함께 살아가
야 할 운명적 공동체라 할 수 있을 것이다.

다만 코로나19를 맞고 있는 위기에서 그 극복을 위한 인간 사이의
따스한 유대감을 함께 키워나가야 할 중대한 당면 과제를 안고 있게
될 때는 밈(meme)에 대한 더 많은 관심이 필요하다. 그 실천을 위해서
는 제2유형, 즉 타인에 대한 배려심을 키우는 밈(meme)의 비중을 늘려

나가는 길을 찾는 구체적 방도를 마련해야 한다. 제2유형의 인구 비중을 높이는 방안이 추진될 때 인구 구성의 내부분을 점하는 제3유형의 부류에서 제2유형을 따르게 되며 그 성향에 근접하는 사람 수를 확대하게 되면서 사회 전체 분위기를 따스한 유대감이 지배하는 사회, 즉 팬데믹 위기를 이겨내는 건강 사회로 나아갈 수 있기 때문이다.

아. 공익형 직불제의 지향점과 팬데믹 치유의 길에서 찾아보는 공통점

중국에서 발원한 코로나19가 우리나라에 상륙한 2020년 1월은 우리 농업계로서는 그해 5월 1일부터의 공익형 직불제 시행을 앞두고 그 준비에 집중할 시점이었다. 농민으로서는 5월부터의 신청을 앞두고 그 준비에 한창 바쁠 때였으며 정부로서는 관련 법과 예산에 근거해서 차질 없는 농민 신청을 접수할 준비 태세를 마무리해갈 시점이었다.

농민이나 정부로서 그 준비가 어려웠던 이유는 그전에 경험했던 가격 보전형 직불제와는 완전히 다른 성격을 지닌 직불제도였기 때문이다. 과거 가격 보전형 직불제는 사전준비가 없더라도 사후적으로 쌀 수확기 이후의 쌀 가격 수준만 결정되면 간단하게 결정되었으나 공익형 직불제하에서 농가에게 지급하는 정부의 소득 보전액 결정은 수많은 복잡한 내용의 조건들을 영농착수 이전부터 준비하며 충족되어야만 하기 때문이다(자세한 내용은 이 책 부록1 260쪽, '기본형 공익직불제 신청 안내' 참조).

농업의 공익형 기능을 충족하는 조건들에는 자연적 · 환경적 · 문화적 조건들이 포함되며 실제 농민들이 영농 활동을 통해 사전적 또는 사후적으로 이 조건들을 충족할 때만이 정부로부터의 직불금을 통해 소득 보전이 가능해진다. 공익형 직불금은 영농 활동이 끝난 수확 후의 판매로부터 실현되는 사후적인 단계에서의 보상이 아니며 영농 개시 전의 준비는 물론 영농 기간 중과 영농 활동 종료까지의 작업을 포함하는 광범위한 영농 활동과 연계되고 있다.

한 나라에서 공익형 직불제가 제대로 정착되려면 막대한 예산이 필요하고 국회에서의 예산 심의 과정에서는 셀 수 없는 범위의 예산 용도별, 수요자 간 치열한 경쟁을 통과해야 한다. 이때 공익형 직불제의 필요성에 대한 국민적 합의가 뒷받침된다면 이 제도는 더욱 탄력을 받게 된다. 국민들 사이에서 이 필요성에 대한 인식 제고를 충족시키기 위해서는 농민과 소비자 간 연결의 끈, 즉 공익형 직불제의 필요에 대한 마음으로부터의 공감이 뒷받침되어야 하는데, 이 연결의 끈은 농민과 소비자 간의 끊임없는 소통에 의해서 채워진다는 길고 어려운 전제 조건이 존재한다.

식량의 안정적 공급과 국토 환경 및 자연경관의 보전에서부터 토양 유실과 홍수의 방지나 자연 생태계의 보전 등을 포함하는 농업 · 농촌의 공익적 기능은 농민뿐만 아니라 농산물 소비자를 포함하는 국민 모두에게 필요한 기능으로 이 기능이 없어지거나 축소될 때 궁극적으로 농민과 소비자 등 국민 모두에게 위기를 초래히는 결과에 이르게 된다.

이 공익적 기능들이 발현되고 체감하게 되는 과정을 보면 대체로 소비자보다는 농촌 거주 농민 쪽에서부터 먼저 나타나게 된다. 우선 농가 소득 감소에 따르는 궁핍한 살림살이 및 의료·교통·문화 여건 등 생활환경 악화에 따르는 불편한 농촌 삶의 현장에서 공익적 기능 중 일부분들의 축소가 먼저 시작되고 그리고 환경적, 문화적, 사회적 영향을 포함하는 그 후유증이 도시지역으로까지 그 부정적 영향이 번져나가는 선농촌·후도시지역의 특성을 가진다.

농촌에서 농민이 먼저 체험하는 고통스러운 삶의 현장이 가감 없이 그리고 지체 없이 도시지역의 소비자에게 전달될 수 있고 이를 도시민이 느끼는, 즉 양자 간의 연결의 끈이 단단하다면, 국민 모두에게 절대적으로 필요한 농업·농촌의 공익적 기능의 유지를 위한 소요 국가 예산은 신속하게 또 차질없이 마련될 수 있다. 이렇게 된다면 농민들은 삶의 고통에서 신속하게 헤어나며 여러 공익적 기능도 보완되면서 제대로 된 영농 활동 수행이 가능해지고 국민 모두에게 필요한 공익적 기능은 제대로 정착될 것이다.

이렇게 농민과 도시 소비자 사이의 연결의 끈 즉 따스하고 단단한 유대감이 마련되고 이어질 때 농업의 공익형 직불제가 이 땅에 정착될 수 있음을 상기할 때 이번 제6장에 들어와 지금까지 살핀 팬데믹 극복의 길과 정확하게 일치함을 발견할 수 있다. 농업의 공익형 직불제 정착과 팬데믹 치유의 길이라는 전혀 별개의 당면과제를 해결하는 길이 동일함을 발견해내는 것은 우연한 결과라고 지나칠 수도 있다.

그러나 이번 코로나19의 위기가 주는 의미는, 이를 계기로 이제는 이런 비극을 물리치는 새로운 처방을 발견해내라는 엄중한 메시지로 받아 들일 때, 인류발전을 향한 길잡이 역할까지도 하게 된다. 이어지는 제7장에서는 인간 사이의 따스하고 단단한 유대감의 형성을 향해 나가는 가능성을 찾아 나서면서 그 구체적인 출발점을 모색하기로 한다.

개정판

소통과 공감

농업의 공익형 직불세 정착과 팬데믹 극복의 길

인간의 유대감을 높이는 길과 소통의 주도자

제 7 장
인간의 유대감을 높이는 길과 소통의 주도자

가. 사람들 사이의 유대감 증진 - 소통의 과제

제6장에서는 팬데믹 치유와 농업의 공익형 직불제 정착이라는 두 개의 목적지를 향해 나아가는 길에서 인간 사이의 연결을 강화하여 '유대감'을 높여야 한다는 공통된 과제를 발견할 수 있었다. 이해관계자 사이에서 상대방에 대한 높아지는 관심과 배려를 통해서 성취되는 유대감을 높이는 길은 일견 쉬워 보이기도 하지만 인간이 마주하는 현실 세계에서는 매우 어려운 과제 중의 하나이다. 인류 초기 인간 욕구가 단순했던 원시시대에 인간 사이의 유대감을 높이는 일은 별로 어려운 것이 없는 단순한 과제였겠지만 인류 사회가 발전하며 경제 형편이 향상되고 문화가 발전하고 인간 욕구가 늘어나며 일상에서 범위가 넓고 복잡

한 과제를 맞이할수록, 높아지는 타인에 대한 관심과 배려감을 기초로
하는 유대감 향상은 점점 어려워지는 일로 변신을 거듭해왔으며 앞으
로도 그럴 것이다.

인간의 유대감을 키우는 소통의 필요성

인류가 필요로 하는 재화와 서비스를 자기 또는 가족이나 곁에 있는
이웃들이 만들며 제각기 사용하고 남는 것을 바로 이웃들과 교환해서
충족하게 되는 원시시대에는 인간 욕구의 범위가 제한적이었고, 교환
상품 및 서비스의 대상 범위도 좁았을 것이다. 또한 생활양식도 비슷하
기 때문에 생각의 범위도 제한적이었고 상호 연결이나 유대감 성취가
복잡하지도 않았을 것이다.

원시시대를 지나며 소득이 늘어나고 생활수준이 높아지면서 인류가
필요로 하는 재화와 서비스의 범위가 넓어지고 활동하는 공간의 크기
와 함께 이질감이 늘어나게 되며, 사회 계층 간의 격차 또한 커지게 된
다. 한편으로는 생활과 사고(思考)의 영역도 넓어지며 욕구 범위도 넓어
질수록 이질화된 집단 간의 연결은 소원해지게 된다. 이러한 소원해진
인간관계의 심화는 한 국가의 정체성을 유지하는 데 저해 요인으로까
지 등장할 수도 있다.

특히 코로나19 팬데믹이 더욱 악화되더라도 국민과 정책당국자간의
의사결정에 격의없는 소통이 이루어지며 정책결정에 대한 이해도를 높
일 때 위기극복을 향한 국민과 정책당국자간의 이해심의 향상과 일체

감 형성이 가능할 수 있다. 그러나 국민 각자가 자기 이기심에만 과도히 집착할 때 정부 정책의 수립과 실천은 난관에 봉착하게 될 것이다.

오랫동안 서로를 모른 채 무관심한 상태의 양자관계를 이어온 사이에 소통을 열어가는 과제는 아무런 노력 없이 우연히 성취되는 것이 아니라 마음의 지향을 담은 의도적인 노력에 의해서만 달성될 수 있다. 이제부터 소통을 열어가는 마음의 문이 어떻게 열리는지 생각해 보기로 한다.

심리학 등을 응용한 상담 연구를 비롯하여 사회학·정치학 등 여러 학문 분야가 소통을 열어가는 길에 동원되고 있지만, 혹시 원시 상태에서 서로 신원을 모르는 이질 집단이 맞닥뜨렸을 때 어떻게 소통의 길을 텄는지 살펴볼 수 있다면 복잡해진 오늘의 사회에서도 또한 유익할 수 있다. 인위적으로 구축한 문화가 없었던 원시적 상태에서 이질적인 두 집단이 처음으로 만날 때 어떤 모습으로 서먹서먹한 관계를 넘어 어떻게 상호 관계를 맺기 위한 소통을 이루었는지를 알아낼 수 있다면, 팬데믹 위기를 맞는 오늘에서도 적용 가능한 소통의 실마리를 찾는 데 큰 도움이 될 수 있다는 기대감에서 탐구를 이어간다.

상대방이 적인지 친구인지를 모르는 이질적인 두 집단이 만나 서로 도움을 주는 친구의 관계로 발전할 수 있는 '계기'가 어떻게 마련되는지를 밝힌 인류학자 앤드류 스트라던(A. Strathern)을 소개하는 마르셀 에나프(de Marcel He'naff)의 저서 《진리의 가격》(참고문헌 참조)은 매우 귀중한 자료이다.

호주 북방에 위치한 섬 지역인 뉴기니가 1900년대 초에 영국 통치에서 호주로 이양되면서, 호주 정부의 백인 탐험대가 원주민 지역을 탐색하던 중 이루어진 백인과 원주민의 첫 조우에 관련된 내용은 매우 흥미롭다.

자기 종족과는 다른 모습의 사람인 백인을 처음 조우하게 된 원주민들 사이에서는 창백한 피부의 백인이 자기들을 해치지 않는 친구가 될 수 있는지 아니면 해를 끼치는 괴물인지를 놓고 의견이 분분하였다. 원주민들은 그 판단을 위해 백인들에게 돼지를 선물로 주었고 그 답례로 백인들로부터 조개껍질을 받음으로써, 피부색은 달라도 괴물이 아니라 친구가 될 수 있는 사람임을 확인했다는 증언의 기록이다.

상대방을 모르는 관계에서 서로 접근하고 인정하며 수용하는 계기는 매우 다양하게 마련될 수 있지만, 인간 본성에는 각기 귀중하게 여기는 내용물의 교환, 즉 자기 자신을 희생하는 형태인 선물을 통하여 소통의 관문을 여는 특성이 있다는 사실을 인문학자가 밝혀낸 것이다 (선물 남용을 방지하기 위한 이른바 '김영란법'에서 문제가 되는 선물의 대상은 변형된 형태의 선물이며, 이 책에서 논의의 대상인 선물은 처음 만나서 혹시라도 자기를 해칠지도 모르는 상태에서, 상대방이 친구인지 적인지를 판단하는 데에 도움이 되는 수단으로서의 선물이며 사람과 사람의 마음을 이어주는 순수한 의미의 선물이다).

이렇게 선물이 사람들 사이에서 친구 관계를 확인시켜주고, 앞으로도 그 관계가 지속되기를 희망하면서 선물을 주고받는 관계가 어느 한

소통과 공감

쪽에서 출발했다면 그 응수, 즉 선물의 교환이 있어야만 상호 인정의 관계가 완성된다. 선물의 출발이 있었지만 되돌아오는 상대방의 반응이 없다면 양자 간의 상호 인정과 연결은 지속되지 못하고 단절되고 말 것이며 상호 인정 관계는 미완으로 끝나게 된다.

사람을 의미하는 인간(人間)이란 단어가 사람과 사람을 연결함으로써 완성되는 것임을 표현하고 있음은 우연한 일이 아니다. 그리고 연결의 실마리는 선물로 문을 여는 소통으로 마련될 수 있음을, 우리 사회에서 발견되는 여러 실제 상황에서도 실감할 수 있다.

선물의 두 형태와 선물의 완성

인류학에서 밝히는 선물의 정의는 자신의 일부를 선사하는 것이다. 그 구체적인 모습은 자신의 노력으로 획득한 결과인 형체를 갖춘 물체일 수도 있지만, 형체를 갖추지 않은 자신의 영혼이나 정성이 깃든 마음의 모습으로 나타날 수도 있다. 상대방을 향한 진심 어린 배려로 표출하는 선물은 주는 사람의 희생의 한 형태이며, 마음이 담긴 선물이 상대방의 마음을 열리게 하고 고마움을 불러오는 사례는 우리 주변 일상에서 이어지고 있다.

선물이 어떠한 모습이건 간에 선물을 주는 사람의 입장에서는 상대방을 인정하고 배려하며 상대방과의 소통을 원하는 친구라는 뜻이 담겨 있다. 따라서 선물을 받는 사람의 입장에서 그 선물을 계기로 해서 상대방을 인지하고 배려하는 마음이 생겨나며 주는 사람에 대한 고마움을 느끼게 되면 이로써 선물은 자신의 사명을 완수하는 것이다.

그러나 '왜 이것을 줄까?' '주는 사람의 의도가 무엇일까?' '나도 무엇을 주어야 하는 것 아닌가?' 하는 마음의 부담이 그 고마움을 넘어서게 되면 그것은 이미 진정한 선물이 아닐 수 있다.

진정한 선물이라면 친구임을 확인하고 마음속 고마움을 느끼는 것만으로도 이미 보답은 완성된 것이며, 그 보답은 반드시 형태를 갖춘 물체만이 필수적인 형태는 아니고 마음의 표시로도 가능하다.

다만 선물은 그것이 물체의 형태이건 마음의 형태이건 주고받는 양자 사이에서 순환하는 특징을 갖고 있으며, 어느 한 곳에서 정체되고 중단될 때 그 선물의 일생은 수명을 다하게 된다. 선물의 순환 수명은 주는 사람에서 받는 사람에게 전달되는 일차적 전달에서 끝나기도 하지만 지속되면서 더욱 커지기도 한다. 선순환을 통해 계속해서 선물의 왕래가 지속되는 사회는 이기적 성향의 유전자보다는 앞의 리처드 도킨스가 도입해서 소개한 밈이 더 왕성하게 살아 있는 바람직한 사회라 할 것이다.

나. 고마움과 서운함을 가르는 분수령

소통의 과제는 어디에서나 발생하지만 우선 인류 생존의 기본 조건인 영양 섭취와 식생활의 기본 원료를 제공하는 농산물을 중심으로, 생산자인 농민과 소비자가 엮어내는 관계를 예를 들었다. 이로부터 실제 인간사회에서의 소통의 길을 여는 가능성을 찾아 나서기로 한다.

농민과 소비자는 대체적으로 먼 관계이다. 특히 우리나라 전체 음식물 소비량 중 가공식품 비중이 날로 높아지고 그 원료의 대부분은 수입 농산물로 조달하면서 국내 식품 소비량 중 70% 이상을 해외에 의존하는 현실에서, 농식품 소비를 통해 우리 농민과 소비자가 서로 소통해갈 여지는 계속 축소되고 있다. 그러나 이렇게 축소되는 여건 속에서도 농민과 소비자 사이에서 소통의 대상으로 남아서 살아 있는 농산물 영역은 끊임없이 그 명맥을 이어갈 것이다. 지리적 거리만이 멀 뿐만 아니라 도시에 거주하며 바쁜 일상에 쫓기는 대부분의 소비자들로서는 영양보다는 입맛이나 외형 또는 자기 소득에 적합한 가격의 농산물을 찾는 데 더 큰 관심을 갖게 되면서, 자기가 선택하는 농산물의 생산자가 누구인지를 알려고 하지 않으며 양자 사이의 관심 사항과 관계는 멀어지고 있다.

가정 내 음식 조리와 준비 시간의 단축 추세가 큰 흐름이며 이에 따라 간편식 또는 배달 음식에의 의존도가 높아지면서 원료 농산물을 생산하는 농민에 대한 관심이 더욱 감소하는 것이 대체적인 추세이다. 이렇듯 농민과 소비자 양자 관계는 멀어질 가능성이 높아지고 있다. 그러나 한편에서는 인간 수명이 늘어나고 건강에 대한 관심과 건강에 절대적 영향을 주는 원료 농산물의 고유 특성과 생산과정에 대한 관심이 높아지는 소비자가 생기면서 소비자와 농민과의 관계는 오히려 긴밀해지는 방향으로 진행될 수도 있다. 이렇게 농산물이라는 매체를 통한 생산자와 소비자 양자의 관계는 소원(疏遠)해지는 섯이 일반적이지만 친근해질 수도 있는 양면성을 갖는다.

한편 코로나19에서 연유하는 갈등관계와 사회적 부작용은 매우 심각하다. 특히 코로나19 사태에서 변칙적으로도 영업을 지속해야 하는 일부 자영업자 및 일부 종교단체나 일부 노동자단체와 코로나19 전염병의 확산을 두려워하는 일반국민들 사이에서와 같이 심각한 대립관계를 제외한다면, 우리 사회 곳곳에서 일어나는 일상의 인간상호관계는 서로 가까워질수도 멀어질수도 있는 양면성을 갖는다. 이런 양면성은 사회 곳곳에서 늘 함께하는 인간 세상사의 현실이며, 동시에 미래의 모습이기도 하다. 모든 사람의 주변에서 정치에서도 종교에서도 기업에서도 심지어는 배우자 간에도 나타날 수 있다.

배우자 관계의 예를 들면 평생을 함께하며 아침저녁으로 마주하는 상대방이라 할지라도 늘 가까운 관계는 아니다. 동일한 사람이지만 때로는 가깝기도 하고 멀기도 하면서 그 감정 기복의 폭도 또한 일정하지 않다. 그 마음속을 꽤나 속속들이 알 수도 있는 배우자가 이럴진대 직접적인 접촉 기회도 거의 없고 먼 거리에 위치한 농민과 소비자의 상호관계, 친근과 소원의 관계, 그리고 그 관계를 결정하는 마음의 향방은 매우 복잡하게 교차하는 추세에서 상호 간의 관심도는 점차 사그라지는 길에 들어서고 있다.

이때 서로를 바라보는 시각이 고마운 대상이 되는지 아니면 서운한 대상이 되는지는 상대방을 바라보는 마음의 문을 여는 결정적인 역할을 하게 된다. 사실 상대방을 생각할 때 동일한 사람이라 할지라도 고마운지 아니면 서운한 대상인지는 본인의 마음 정하기에 달려 있음을 우리 인간들은 오랜 경험을 통해 터득하고 있다. 동일한 대상일지라도 고마운지 서운한지의 판단은 시시각각 자기가 처한 그때그때의 환경이나 자기 기분에 따라 달라지는 미묘한 특성을 갖는다.

상대방을 고마운 대상으로 생각할 때 상대방에 대한 관심과 배려를 향한 마음의 문은 열릴 것이지만 서운함의 대상이 될 때는 마음의 문은 열릴 수가 없다. 이때 어느 쪽에서 먼저 고마워하는 마음의 문을 열 가능성이 높으냐를 살펴보는 사례로 농민과 소비자 간의 소통의 경우를 들어 어느 쪽이 먼저 마음의 문을 여는 출발자의 역할 가능성이 큰지를 이어서 살펴보기로 한다.

다. 농업 공익형 직불제에서 소통의 주도자

국민 1인당 농지 면적이 작은 나라일수록, 그리고 나라의 경제가 발전할수록 농가와 비농가 간의 소득 격차가 더욱 커지는 경향이 나타나며 이 격차를 보전하는 수단이 농업의 공익형 직불금이다. 농가 입장에서는 농산물 판매 소득만으로는 그가 발휘하는 공익적 기능의 계속적 발휘가 가능한 수준에 미흡할 때 이를 보완하는 국가 개입이 필요해진다. 국가 재정으로 부담하는 공익형 직불금의 보전이 가능하려면 농업·농촌의 공익적 기능에 대한 국민적 합의가 있어야 하는데 이 합의는 농민·소비자 간에 서로의 처지를 이해하는 길로 나가기 위한 원활한 소통이 전제되어야 한다. 우리나라의 경우 급속한 경제 발전을 거치면서 그간 사회적 또는 지리적으로 소원해졌을 개연성이 높은 양자 간의 소통의 문을 열어야 하는 만만찮은 과제가 등장하게 된다.

지금까지 소통이 없었든가 또는 원활한 소통에 미흡한 채 지냈던 두 사람 또는 두 집단이 새로운 소통을 열어가기 위해서는 계기 마련이 필요하며 이 계기를 마련하는 매개 기능을 '선물'이 담당한다는 인류학자의 연구 결과를 기억하며(이 책 147~149쪽에 소개된 마르셀 에나프의 《진리의 가격》 참조), 소원해진 두 이질적 집단 간 소통의 문을 열어가는 매개의 기능을 하는 선물의 의미를 깊이 짚어보기로 하자.

양자 간에 주고받는 선물은 현실적으로 동시에 출발하는 것이 아니라 어느 한쪽에서 먼저 출발하게 되며 상대방이 이에 보답하는 형식이 일반적이기 때문에 선물을 주고받는 관계로 발전하기 위해서는 '누가 먼저'의 문제, 즉 선물을 먼저 준비하는 사람이 필요하다. 이제 농민과 소비자 사이의 경우를 상정할 때 이 둘에서 소통을 열어가기 위해 필요한 선물의 경우에도 역시 농민과 소비자 사이에서 동시에 출발하기보다는 어느 한쪽에서 선물을 출발시키고 선물을 받은 상대방이 이에 응해서 답례를 하는 형태인 시차를 둔 교환의 형식으로 이루어지게 될 가능성이 높다.

출발한 선물은 교환하면서 커지는 선순환이 될 수도 있지만 출발자가 없으면 선물의 선순환은 처음부터 성립될 수가 없다. 농민과 소비자가 소통하기 위한 선물의 선순환 역시 현실적으로 어느 한쪽에서 먼저 출발해야 성립하는 것이라면, 어느 쪽에서 먼저 출발할 가능성이 높을까? 소통의 문을 여는 것이 현실적으로 농민에게 더 절박하다고 하더라도 절박함이 바로 가능성으로 연결된다는 보장은 없으며 상대방에게 선물을 주고 싶은 마음의 여유가 생겨나야 비로소 선물은 출발할 수 있다. 다만 그러한 마음이 생기는 의식 출발의 가능성은 그가 처한 환경에 따라 높을 수도 낮을 수도 있다.

이제 농민과 소비자가 처한 환경을 비교하면서 마음을 열고 소통으로 나가는 선물의 출발이 어느 쪽에서 가능성 높은지 살펴보기로 한다.

농민과 도시 소비자의 환경 비교

타인에 대한 관심과 배려 없이는 연결과 소통을 위한 선물 마련의 의향이 아예 생겨날 수 없다. 이때 타인에 대한 관심의 출발은 개개인이 처한 환경과 성격에 따라 의식적이든 무의식적이든 쉽게 생길 수도 있지만 어려울 수도 있다. 타인에 대한 배려가 쉽게 생겨나는 성향은 유전되기도 하지만 그가 처한 환경에 의해서도 많은 영향을 받는다. 이는 심리학 교과서가 밝히기도 하며 주변 일상에서도 실제 증명되고 있다.

그러면 대부분의 농민과 소비자가 각기 거주하는 농촌과 도시를 구분할 때 어느 쪽이 남에 대한 관심을 가지기 쉬운 환경에 살고 있을까? 사전에서 '평화'는 '만물이 안정되고 조화로우며 아름다울 수 있게 만드는 원천'이라는 뜻을 가지며, 이처럼 평화로운 상태에서 비로소 자기 이외의 남에 대한 관심과 배려의 출발이 가능하며 이럴 때 상대방이 원하는 바를 헤아리는 여유로움이 생길 수 있다. 평화란 단어는 '평(平)'과 '화(和)'라는 두 글자의 합성이며 한자 문명의 발원국인 중국에서는 '화평(和平)'으로 표기하는 것을 보더라도 두 글자는 제각기의 고유한 뜻을 보유함을 알 수 있다. 이와 관련해 '평'과 '화'를 분리해서 풀이한 흥미로운 해설이 《신철논형(神哲論衡) Ⅰ》(김병수 저)에 실려 있다.

'평(平)'은 시간적인 여유를 의미하며 '화(和)'는 공간적인 여유를 각각 의미하면서 시간과 공간에서 존재하는 만물의 평화는 시공(時空)적 여유를 함께 누릴 때 가능해진다고 김병수는 풀이하고 있다. 이어서 '평(平)'은 인간에게서 타고난 고유한 속도를 지킬 때 비로소 누리는 여유로움으로 풀이하고 있다. 그러나 인류가 탄생 이후 백만 년 또는 몇십만 년을 타고난 속도에 맞추어 살아왔지만 산업혁명 이후 본성을 벗어나는 과속 상태에서 엄청난 부가가치를 창출하고는 있으나, 원래 부여받은 여유로움을 벗어나는 위험에 처해 있음을 지적하고 있다. 경제가 발전하면 개인에 필요한 정보가 과다해질 뿐만 아니라 특히 도시에서의 삶은 과도한 경쟁을 유도하면서 점점 인간이 타고난 고유한 시간 여유를 찾기 힘들어지는 위험에 노출된다는 것이다.

한편 '화(和)'가 의미하는 것은 만물은 제각기 생존에 적합한 공간이 있으며, 있어야 할 곳을 벗어나거나 생활공간이 과도하게 협소해지거나 타고난 인성 발휘가 부적합한 지역에서는 인간 본성으로 타고난 여유로움을 벗어나게 되며, 결과적으로 안정감을 상실하게 되고 남에 대한 배려와 관심을 보일 여유도, 그리고 소통의 문을 열어가는 여유도 없어진다는 추론이 가능해진다.

이렇게 '평'과 '화'의 두 가지 기준으로 볼 때, 살아가는 환경 조건에서 남을 배려하는 여유는 도시민보다는 농민에게서 더 쉽게 찾을 수 있고 따라서 농민이 남에 대한 관심과 선물의 출발자가 될 가능성이 높아질 수 있다. 한편 인간의 지각 능력을 크게 '이해타산 능력'과 '감성 능력'의 두 가지로 구분할 때 농민이 이해타산보다는 감성 능력이 높은 성향이라는 점에서도 선물 출발자로서 가능성이 높다(농민신문 칼럼, 이내수, 국민 속에 '농촌사랑' 마음 세우기, 2016.4.4. '부록2' 272~274쪽 참조). 물론 고령 영세농가라 할지라도 수익과 비용을 따지는 이윤 동기에도 민감해야겠지만, 여기서는 이해타산을 염두에 두고 도시로 떠난 이주민보다는 남아있는 농민들이 감성 능력에 상대적으로 더 민감하리라는 상대적 크기를 비교할 뿐이다.

양자 간 새로운 차원의 소통을 열기 위해서는 선물을 먼저 건네는 출발자가 필요할 때, 도시 소비자에 견줘 농민의 여건이 출발자로 더 적합한 위치에 있음을 기꺼이 긍지로 받아들이며 이를 향한 '농민의 덕목'을 키울 때 농업 · 농촌의 공익적 기능은 성공적으로 정착될 수 있다.

타인을 배려하는 이 농민의 덕목은 농민이 처한 상대적으로 평화스러운 환경에서 쉽게 발동할 수 있는 것이지만, 그 위에 농민의 의지가 더해진다면 더욱 쉽게 자라날 수 있을 것이다.

음식 배달과 그 부작용

시간과 공간이 넉넉할 때 마음의 여유로움과 평화스러움이 유지된다고 한다면 특히 대도시 지역 곳곳에서 쉴 새 없이 달리는 음식 배달 오토바이가 주는 심각한 위해를 지적하지 않을 수가 없다.

물론 음식 배달은 바쁜 분들의 끼니를 해결하고 장애인들에게 영양 공급을 가능하게 하며 최소한의 주방 시설만으로 식당 개설을 가능케 하는 등 사회 편익 기여도 적지 않겠지만 최근에는 점차 심각한 부작용 수준을 키우고 있다.

우선 인간이 평화스러움의 조건을 위해 누려야 하는 환경과 질서를 한꺼번에 무너뜨리고 있다. 마치 곡예사처럼 달리는 배달용 오토바이는 교통의 흐름도 방해할 뿐만 아니라 교통사고를 유발하며 소음 등 3중, 4중으로 생활 질서를 무너뜨리고 있다.

또 다른 부작용은 포장재의 남용에 따르는 공해의 유발이다. 심지어 국물까지도 포장하면서 한 끼 배달 음식에 열 개도 넘는 포장재가 사용되기도 하는 과다 포장으로 공해 원천이 된다.

2019년 발표된, 호주 태즈메이니아대학 해양남극연구소와 영국 자연사박물관이 인도양 코코스제도와 남태평양 헨더슨섬에서 실시한 합동 연구의 결과는 매우 충격적이다. 이 두 지역에서 플라스틱 쓰레기가 생태계에 미치는 영향을 조사한 결과 소라 대신 버려진 플라스틱을 자기 집으로 삼아 등에다 지고 다니던 57만여 마리의 소라게가 죽음에 이른 것으로 나타났다.

한편 같은 해 5월 호주 연구진이 별도 진행한 연구에서는 인도양의 천국이라 불리었던 코코스제도에서 4억 1,400만 개의 플라스틱 조각 쓰레기가 발견되어 우리가 무심히 버리는 음식 포장재의 부작용이 얼마나 큰지를 일깨우고 있다. 소비자들이 유통업체에서 구입하는 가정 간편식(HMR)이나 배달 음식을 통해 식사 한 끼를 간편하게 해결할 때 그 결과로 발생하는 플라스틱 공해가 먼바다로 흘러가 바다 생태계를 교란시키며 소라게를 죽게 만드는 비참한 결과를 맺는 원인의 하나가 됨을 기억해야 할 것이다.

바다 오염 등 지구 공해의 원인은 실로 다양하며 전체 원인 중 우리가 무심하게 주문하는 배달 음식이 점하는 비중은 무시할 정도로 작을 수도 있다. 그러나 오늘의 환경문제가 가진 위험성을 고려하고 이에 대한 경각심이 필요하다는 절박성을 생각한다면, 우리 생활 주변에서 가장 손쉽게 실천 가능한 환경운동인, 배달 없이 끼니를 해결하려는 의지와 그 실천이 절실히 필요하다.

음식 배달이 불러오는 부작용 중에는 배달 음식의 부피를 줄이기 위해 건강에 필요한 채소·과일의 비중을 감소시켜 나가는 경향도 있다. 청과물을 포함하더라도 그 원형을 파손하기 때문에 소비자가 원료 농

제7장 인간의 유대감을 높이는 길과 소통의 주도자

산물을 알아보고 관심을 가질 기회로부터 멀어지게 하는 효과도 포함된다(자세한 내용은 이 책 213~217쪽의 제9장 '다' 항 참조).

소비자가 식당을 통해 제대로 준비된 음식물 소비 경로를 선택할 때는 식당 테이블이나 식당 벽면의 메뉴판을 통해 그 음식 원재료의 원산지를 알 수 있으나, 배달 음식에서는 그 길이 차단된다. 자가 조리를 위해 식료품 소매점에서 원료 농산물을 구매할 때는 농산물 포장지나 매장 내의 표시판을 통해 알 수 있던 원산지 인지 기회도 차단된다. 스마트폰 음식물 배달 소개 창에 뜨는 메뉴판에도 원산지 표시가 오르기는 하지만 글씨 크기도 깨알 같거니와 선명도도 낮아서 사실상 인식이 불가능하다. 음식물 재료의 원산지를 밝히는 법규를 형식적으로만 충족하면서 그 실효성을 지워내는 기만적 상술이 드러난다.

요즘 음식물 배달업으로 가장 성공한 기업 중 '우아한형제들'이라는 상호의 업체가 스마트폰에서 운영하는 앱(App)의 명칭은 '배달의민족(배민)'이다. 자라나는 청소년들이 순수 우리말인 '배달'의 뜻이 '박달나무'가 아니라 '물건을 운반'하는 '배달(配達)'의 뜻으로 잘못 이해하도록 오도하는 부작용이 염려된다.

더욱이 TV 광고에서 음식 배달용 철가방을 매단 채 말 타고 달리는 옛날 옷차림의 우리 선조들의 모습을 연출해 이를 보는 청소년들의 머릿속을 어지럽히고 우리말과 우리 정신마저 흔들어대는 부작용도 초래하게 된다. '배달의민족' 오토바이를 타고 달리는 음식 배달원 등 뒤에 새겨진 광고 문구가 인상적이다. '우리 민족이 어떤 민족입니까?'

이 '배달의민족'을 운영하는 '우아한형제들'이 독일 업체인 딜리버리
히어로(Delivery Hero) 사에 인수된다는 뉴스를 들으며 놀라움과 걱정이
생겼다. 우리 민족이 지닌 고유한 배경과 특성을 연상시키는 고유의 단
어가 음식 배달에 남용되는 것을 애교 넘친 위트로 받아들이기에는 국
민 생활환경, 국민 건강과 국민 정서 등에 미치는 영향 등의 부작용이
과도하게 벌어지고 있어서다.

또한 '배달의 영웅'이라는 의미의 상호를 가진 이 인수 업체는 기존의
국내 2위 배달 업체도 이미 운영하고 있어서 국내 배달 업체 중 상위 3
개 업체가 합병하게 되면 국내시장 독점으로 음식점에 대한 수수료 인
상과 소비자 부담 증대가 염려됐는데, 독과점 피해를 감소시키는 사후
적 행정 조치가 마련된 것은 그나마도 다행스러운 결과이다.

직업으로서의 농업과 비농업의 차이

농업은 특성상 생산과정에서 타인과의 협업이나 접촉 기회가 다른
직업에 비해 상대적으로 높은 직업이다. 요즈음은 농업도 기계화 수준
이 높아지면서 과거에 비해 타인과의 협업과 접촉 기회가 현저하게 줄
어들기는 했지만, 농업 이외의 직업에 비해서는 농작업을 통해서나 농
작업 이후의 일상생활을 통해서 동네 이웃들과의 접촉 기회가 빈번하
다. 직업이 생물을 대상으로 하지 않고 또한 근무 직장과 거주지가 원
거리에 있기 때문에 타인과의 접촉 기회가 축소되고 심지어는 가족과
의 대면 시간도 줄어드는 도시 속의 여타 직업에 비해, 농민들의 타인

을 배려하는 감성지수가 높을 가능성이 있고, 특히 계절 따라 변화하는 생명체를 직접 체험하는 농민의 감성지수 여건은 도시에 비해 긍정적이다.

장편소설 《대지》로 노벨문학상을 수상한 펄 벅(Pearl S. Buck, 1892~1973)의 1960년대 초 한국 방문기는 우리 농민들의 감성지수가 어떠했는지를 보여준다(163쪽의 '쉬어 가는 페이지' 참조).

물론 그 후 60년이라는 시간이 지났고, 달구지를 끌던 소가 농사일의 동반자이자 감성의 대상에서 이제는 고기 생산을 위한 축산의 대상으로 전환되기는 했으나, 살아 있는 생명을 향한 농민 감성의 유산은 도시보다는 농촌에서 더 잘 보존되고 있을 것이다.

앞서 마르셀 에나프의 저서 《진리의 가격》에서 소개한 호주 탐험대 백인과 원주민과의 조우에서 돼지고기 선물을 먼저 건네며 친구임을 확인하는 절차를 거쳐 소통의 길을 열어간 것도 탐험대 백인이 아니라 자연 속에서 생활하던 원주민이었다는 기록은 우연한 결과가 아닐 것이다.

라. 소통을 열어가는 농민 자세 갖추기

인간의 생명 유지에 절대적으로 소요되는 농산물을 매개로 하는 농민과 소비자 사이의 인간관계를 맺어가는 길에서 소통의 문을 열기 위

펄 벅 여사의 한국 방문기 (1960년)

해질 무렵, 지게에 볏단을 진 채
소달구지에도 볏단을 싣고 가던 농부를 보았다.
펄 벅은 지게 짐을 소달구지에 실어 버리면 힘들지 않고
소달구지에 타고 가면
더욱 편할 것이라는 생각에
농부에게 물었다.
"왜 소달구지를 타지 않고 힘들게 갑니까?"
농부가 말했다.
"에이, 어떻게 타고 갑니까.
저도 하루 종일 일했지만, 소도 하루 종일 일했는데요.
그러니 짐도 나누어서 지고 가야지요."
당시 우리나라에서 흔히 볼 수 있는 풍경이었지만,
펄 벅은 고국으로 돌아간 뒤
세상에서 본 가장 아름다운 광경이었다고 기록했다.
"서양의 농부라면 누구나 당연하게 소달구지 위에 짐을 모두 싣고,
자신도 올라타 편하게 집으로 향했을 것이다.
하지만 한국의 농부는 소의 짐을 덜어주려고 자신의 지게에 볏단을 한 짐 지고
소와 함께 귀가하는 모습을 보고 짜릿한 마음의 전율을 느꼈다."고 술회했다.

네이버 블로그(http://blog.naver.com/sunnyfrush/221375928545),
펄 벅 여사의 한국 방문기, 2018.10.12.

해 누가 먼저 마음의 문을 열어야 하는지 차근차근 살펴보니 농민 편이라는 결론에 이르렀다.

농민이 먼저 마음의 문을 열어가야 하는 위치에 있다는 것은 농민에게 지워지는 짐이라기보다는 오히려 자기 건강과 긍정적 삶에 더 가까이 다가서는 상대적으로 유리한 위치에 있음을 의미하기도 한다.

소통의 문을 여는 자와 받아들이는 양자 간 소통의 과정을 빛의 발원체와 반사체에 비유한다면 발원체가 더 밝을 것이다. 그리고 열의 발원과 반사에 비유한다면 발원체가 더 뜨겁다고 유추 가능한 것과 마찬가지다.

농민이 앞장서 소비자와 소통하는 세상을 만들어나가는 현실 세계에서의 구체적인 길은 앞으로 이 책의 제8장에서 소개하는 것처럼 여러 개가 있다. 그러나 길을 열어내는 기초를 이루는 농민이 갖춰야 할 기본자세는 한 가지이다. 흔들리지 않게 마음속 깊숙하게 자리 잡아야 할 기본자세는 바로 자기 농산물을 구매해주는 소비자를 바라보는 시각이며 이 시각으로부터 모든 길이 열리며 구체적 행동들로 이어질 수 있다.

우선 자기 농산물을 구매하는 소비자를 농민의 이익을 실현해나가기 위한 대상으로 바라보는가, 아니면 외국 농산물이 넘쳐나고 다른 국내 농민과의 판매 경쟁이 치열한 시장에서 자기 농산물을 선택해주는 소비자를 고마운 대상으로 바라보는가가 관건이 된다. 두 길 중에서의 선택은 소비자를 향한 농민 자세를 결정하는 기본이 된다. 이 토대 위에서 농민의 여러 구체적 행동들, 즉 생산 영농 활동이나 판매 활동에서의 여러 행동으로 이어지게 된다.

이와 함께 자기 이웃인 동료 농민이나 농민이 아닌 농촌 거주 이웃 주민을 어떤 눈으로 바라보는지도 중요하다. 이 시각에 따라 어떻게 이웃과의 소통의 문을 열어가고 이웃들과 어떤 관계를 맺어가며 어떻게 살아가면서 어떤 마을을 만들어가는지에 지대한 영향을 미치게 됨을 항상 마음에 새겨야 할 것이다.

마. 코로나19 팬데믹과 바람직한 사회 연결

코로나19가 우리나라에 상륙하던 2020년 초기는 농업계로서는 농정의 큰 전환점인 공익형 직불제를 준비하던 시점이었다. 코로나19와 직불제 도입의 두 개 사건은 완전 별개의 사건으로 이 시기적 중복은 물론 우연한 일치이겠지만, 이 우연의 일치에서 어떤 의미가 있는지 찾아내고 교훈을 얻을 수도 있다는 기대감이 있었음을 제6장의 서두에서 밝혔음을 기억해보기로 한다. 이어서 코로나19 팬데믹 위기에서 인간 사회에서의 따스한 연결 고리를 엮어갈 때 인체 면역력을 키우는 등 건강 증진을 통해 팬데믹 위기를 헤쳐가는 해결책으로 등장함이 밝혀지고 있는데, 따스한 인간유대감의 힘은 농업의 공익형 직불제를 준비하는 과정에서도 동일하게 발견할 수 있었다. 이 두 개의 독립된 사건에서 해결책으로 등장하는 발견의 결과가 일치함은 여전히 우연일 수 있다. 그러나 이 우연의 일치가 우리에게 전하는 메시지는, 농업의 공익형 직불제에서 농민이 터득해가는 소통의 문을 먼저 열어가며 배워나가는 체험이 있다면 그리고 이 체험을 우리 사회 전체에 전파해나갈 때 농업분야가 이 시대에서 그 역할을 높일 수 있다는 의미로 해석 가능하다.

농민들이 공익형 직불제를 정착하는 과정에서 체험하며 터득해가는 결과가 있다면 이 체험을 온 국민에게 확산하면서 팬데믹의 예방과 치유에도 활용 가능할 때 농업의 공익형 직불제의 의미는 한 차원 높아질 수 있다. 다만 농업의 공익적 기능의 경우 소통을 열어가는 당사자인 농민과 소비자라는 뚜렷하게 구분되는 특징을 가진 두 개 집단으로 구분할 수 있었으나 팬데믹의 경우에는 소통을 열어가는 주체로의 집단의 구분이 질병관리 당국자와 일반 국민, 질병 감염자와 비감염자, 백신 접종 완료자와 비접종자, 영세 자영업자와 소비자들, 그리고 대기업과 중소기업 등 복잡하게 얽혀 있다는 특징을 가진다.

팬데믹 치유의 길에 등장하는 인간관계의 유대감을 높이는 과제는 농산물을 중심으로 농민과 소비자 간의 소통의 과제를 열어가며 양자 사이의 유대감을 높이는 과제와는 별개의 차원으로 전개된다. 다만 분명한 것은 여기서도 상대방의 입장을 헤아리는 상대방에 대한 관심과 배려를 키워나가는 동일한 원리를 따라야 한다는 점은 정확하게 일치한다.

바. 인간생활에서 이기심 이전의 공감능력

그러면 농민과 소비자 사이에서 또는 팬데믹 극복 과정에 참여하는 모든 사람들의 마음속으로부터 다른 사람에 대한 관심과 배려를 키우는 원동력은 어디로부터 발동하는 것일까? 매우 복잡하게 교차하는 양자 간의 관계에서 상대방에 대한 관심과 배려를 키워가는 첫 단계는 상대방이 적이 아닌 친구임을 확인하는 것이다. 이 첫 단계를 마련하기 위해 상대방을 향한 마음을 열어가도록 마음의 방향을 안내하고 결정하는 분수령은 어디에서 나오는지를 깨우쳐준 선각자 중의 한 분이 18세기 영국의 애덤 스미스(Adam Smith)이다. 애덤 스미스는 경제학자로 더 널리 알려졌지만 그는 1776년 『국부론(The Wealth of Nation)』에 앞서 1759년 『도덕감정론(The Theory of Moral Sentiments)』을 저술하여 경제학자이기에 앞서 논리학자 및 도덕철학자로의 위치를 확보한 학자이다.

그 당시의 영국은 중세적 속박에서 벗어나 자유로운 개인들로 구성되는 새로운 사회에서 질서와 조화를 보장하는 개개인 간에 숨은 성질을 찾아내는 인문학적인 관심이 높을 때였는데, 이때 나타난 학자가 애덤 스미스이다.

애덤 스미스가 학자로 걸어온 길은 당시의 학문적 추세가 세부 학문으로 분화하기 이전이었고, 교육의 관심이 근원적이고 근본적인 학문에 집중하면서 윤리학, 정치학, 법학, 경제학 등 광범위한 분야가 하나의 학과로서 다루어지던 시대를 반영하고 있다. 즉 그는 후에 교수가 되어서도 논리학부의 도덕철학을 거쳐 경제학까지로 발전하는 학문 체계를 섭렵하고 있다.

그는 『도덕감정론』에서 자유로운 인간이 자기의 욕구를 추구하는 사회에서도 질서와 조화를 이루게 되는 바탕을 인간의 이성(理性)이나 인애(仁愛)에서 찾지 않고 공감(共感, sympathy)의 원리에서 찾고 있다. 인류 사회의 기초를 이룩하는 도덕 감정은 인간의 계층이나 계급에 관계없이 가지고 있는 공감의 능력이며, 인간이 아무리 이기적이라 할지라도 타인의 행·불행에 관심을 가지게 하는 요인·원리가 인간의 본성 속에 명백하게 내재해 있다는 것이다.

여기에서의 공감이란 자기를 타인의 입장과 동일한 입장에 놓고, 타인이 느끼는 것과 동일한 것을 느낄 수 있는 능력, 즉 상상(想像)에서의 역지사지(易地思之, imaginery change of situation) 능력이 있음을 전제로 한다. 이때 역지사지 능력은 타인의 슬픔뿐 아니라 기쁨에 대해서도 작용하기 때문에 단순한 연민(pity)과는 다르다(아담 스미스 저, 박세일·민경국 공역, 『도덕감정론』에서는 'sympathy'를 '동감'으로 번역하였으나 이 책의 저자로서는 '공감'이 더 적절하다고 판단했음).

여기에서 중요한 것은 양자 사이에서 공감의 성립을 위해서는 서로가 처한 제반 사정들을 구체적으로 잘 알려고 하는 노력이 있어야 하고 나아가서 양자 간의 감정 일치 내지는 감정이입(感情移入)을 위한 노력이 필요하다는 사실이다.

농민과 소비자 사이에서도 부부 간에도 그러하며 코로나19의 치유의 길에서 필요한 행정조치를 준비하는 행정 당국과 이를 받아들이는 영세 자영업자를 포함하는 일반 국민들 간에서도 마찬가지이다. 입장을 바꾸어놓고 생각한다는 것은 인간 내면의 공감이라는 본성에 존재하기 때문에 가능하지만 이를 성취하기 위해서는 상대방에 대해 관심과 배려를 기울이려는 노력이 추가되어야 한다. 이 방향으로 노력이 가능한 까닭은 인생의 큰 즐거움인 상호 공감의 즐거움(pleasure of mutual sympathy)이 존재하기 때문이라고 아담 스미스는 이미 오래전에 갈파하였다. 이 단계에 도달하기는 물론 어려운 것처럼 보일 수도 있지만 사실 모든 인간은 일상생활에서 이를 반복해서 경험하며 살아간다. 아담 스미스는 "우리의 가슴속에 있는 감정과 동일한 감정을 이웃이 느끼면 이보다 더 큰 즐거움은 없고, 그 반대로 이웃의 감정의 부재(不在)를 느끼는 것보다 더 충격적인 것은 없다"라고 설파하고 있다.

애덤 스미스와는 시간적으로 200여 년의 시간이 흘렀고 공간적으로는 나라도 그리고 혈통도 민족도 다르지만 인간이라는 큰 틀을 함께하는 오늘의 우리 농민과 소비자 사이 그리고 코로나19와 관련한 정부 당국자와 일반 국민 사이 등 모든 인간관계에도 적용 가능하다는 확신을 새롭게 해야 할 때이다. 그럴 때 팬데믹의 위기를 넘어서는 용기를 얻어내고 지혜를 발휘할 수 있게 될 것이다. 양자 간에 역지사지하는 공감에 대한 가치는 오늘도 우리에게 살아 숨 쉬고 있음을 우리 모두가 다시 한 번 인식해야만 한다.

모든 인간관계에서 연결을 만들어주고 마음을 열어가거나 또는 믿의 인자를 발동시키는 단초는 결국 인성에 깊숙이 자리잡고 있는 상호 공감의 즐거움이며 이런 감정이 존재함을 설파한 아담 스미스의 혜안은 실로 놀랍다.

모든 인간관계에서
연결을 만들어주고 마음을 열어가거나
또는 밈의 인자를 발동시키는 단초는
결국 인성에 깊숙이 자리잡고 있는
상호 공감의 즐거움이며
이런 감정이 존재함을 설파한
아담 스미스의 혜안은 실로 놀랍다.

개정판

소통과 공감

농업의 공익형 직불제 정착과 팬데믹 극복의 길

농민·소비자 간 연결을 위한 구체적 접근 방법

제 8 장

농민 · 소비자 간 연결을 위한 구체적 접근 방법

　농업 · 농촌의 공익적 가치가 이 사회에 새롭게 부각되고 있으나 소비자는 물론 농민에게조차도 그 개념은 명확하게 드러나지 않고 있다. 낯선 개념인 농업의 공익적 가치가 어색한게 아니라 농민 · 소비자 모두에게 편안하고 멋진 모습으로 다가와서 우리 사회에 제대로 정착하기 위해서는 그 모습이 어때해야 할지 또 어떻게 다가서야할 지에 대해 이해 당사자인 양자 사이에 끊임없는 의견 교환 과정이 우선 필요하며, 이를 가능하게 하려면 양자사이에는 소통의 문이 활짝 열리고 양자간의 연결이 긴밀해져야 한다는 과제가 등장하게 된다.

　이 연결의 과제를 풀어가기 위해 소통의 문을 먼저 여는, 즉 그 시동을 거는 주도적 역할을 누가 담당할 것인가를 살펴보니 그 가능성에서 농민이 더 큰 것으로 나타나고 있다는 것은 앞의 제7장에서 밝혀냈다.

　상품거래시장에서 소비자에게 보내는 신호는 가격이며 이 가격에 반응하는 소비자 행태를 전하는 것이 시장 정보이기는 하지만 가격과 시장 정보만으로는 한나라의 식량안보나 환경적 역량·농촌문화 등의 복잡한 내용을 포함하는 농업·농촌의 공익적 가치가 발현될 입지는 마련할 수 없다. 공익적 기능의 내용과 함께 이를 향하는 농민의 내면세계인 마음까지도 표현할 수 있어야 하며 이 복잡하고 세밀한 내용의 공익적 기능은 이를 발견하려는 소비자의 마음이 열릴 때, 그 어렵고 긴 여정을 출발할 수 있을 것이다. 이렇게 즉 양자 간에 농산물이라는 형상이나 물질만이 아닌 마음의 연결이 있을 때 공익적 가치의 실체는 보이기 시작하며 싹트고 자라날 수 있다.

양자 간 연결의 문을 열어가는 계기를 마련하는 관문으로 농산물 유통이 먼저 떠오른다. 농민과 소비자를 연결하는 농산물 유통의 길목에서 농산물이라는 형체 속에 내재하는 농민과 소비자 사이의 공감의 유대를 쌓아갈 때 공익적 가치도 바람직한 방향으로 정착을 기대할 수 있다.

농산물 유통에서 우리나라가 참고할 만한 앞서가는 나라의 사례도 있다. 공익적 가치에 관한 농민·소비자 간의 공감대가 폭넓고 농업 예산 중 공익형 직불금 비중이 높으며 농가 소득의 상당 부문이 직불금으로 구성되는 유럽 농업의 경우와, 농업·농촌의 공익적 가치에 대한 인식보다는 가격 정보에 의해서 반응하는 미국 농업이 있는데, 그 특징을 볼 때 우리나라로서는 유럽의 경우가 참고가 될 것이다.

물론 농민 중에도 품목별·규모별로 다양한 생산자 집단이 있고 소비자 측도 소득별 · 연령별 · 문화별로 다양한 집단이 있을 수 있기 때문에 그 가능성을 여는 방법이 다양하게 전개될 수 있으나, 가장 파급 효과가 크다고 생각되는 양자 간 연결 사례 몇 가지를 소개하고자 한다.

농산물 유통의 문을 여는 기회를 살핀 후에 체육 활동이나 집안 가례 등 일상의 생활 주변으로 범위를 넓혀 소통과 공감의 길을 찾기로 한다.

가. 도농 복합 지역의 농산물 유통과 연결 · 소통의 문

농업지대를 크게 순수 농업 지역과 도시 · 농촌(도농) 복합 지역으로 구분할 때 순수 농업 지역의 점유비가 훨씬 크다. 그러나 좁은 국토 면적에서 농업 이외의 제조업 · 서비스업의 활성화로 우리나라에서는 도농 복합 지역의 비중이 나날이 커지고 있다. 도농 복합 지역은 두 개념을 포함하는데 첫째는 행정 용어로 과거 시 지역과 인근 군 지역을 통합한 1995년 법 개정에 따른 조치로 발생한 지역이며, 둘째로는 행정구역에 관계없이 사실상 농업과 도시 기능을 함께 수행하는 도시 근교 지역을 의미하는데, 그 기준을 세우기도 힘들며 실제 어느 지역이 여기에 해당하고 인구 수는 얼마인지 파악이 힘들다. 따라서 여기에서는 행정구역과 관계없이 사실상 농업과 도시 기능이 공존하는 공간인 도시 근교를 도농복합지역으로 보기로 한다.

이 도농 복합 지역은 농민과 소비자가 일정 지역 내에서 함께 거주하며, 각자가 다양한 사회생활을 이어가면서 빈번히 마주하게 되는 독특한 지역인데, 우리나라에서는 이 같은 특징과 관련해 날로 도농 복합 지역의 농산물 유통에 대한 관심이 높아지고 있다.

사실 도농 복합 지역은 농업·농촌의 공익적 기능의 생성 면에서 독특한 위치에 있다. 즉 농업·농촌의 공익적 기능 중 어느 항목의 공익적 기능을 얼마나 크게 제공하고 있으며 그 공익적 기능이 공익형 직불금의 지급 대상이 될 수 있는지는 더 많은 검토가 필요할 것이다. 나아가서 어떤 도농 복합 지역이 공익형 직불금의 지급 대상이 되는지, 도농 복합 지역의 농촌 지역 내에 거주하는 비농민도 농촌이 제공하는 공익적 기능의 발휘에 참여하는지, 만일 참여한다면 직불금의 지급 대상이 되는지 등 광범위한 검토가 필요할 수 있다. 이런 문제는 '농업·농촌'의 명확한 개념을 정립하는 어려움에서도 연유하지만, 나아가서는 그 공익적 기능을 의도적으로 만들어가는지 또는 비의도적으로 추가 비용 지불 없이도 만들어가는지 등의 더 많은 연구 검토가 필요한 과제이기도 하다.

그러나 분명한 것은 그 개념 정립의 어려움에도 불구하고 도농 복합 지역은 농민과 소비자가 가장 근접한 거리에서 농업·농촌의 공익적 기능을 함께 만들어내고 함께 느끼며 가까운 거리에서 접촉하는 지역이다. 또한 그들이 느끼고 알아내는 공익적 기능을 도시지역의 소비자에게 전달·확산시키는 중요한 위치에 있는 지역이기도 하다.

도농 복합 지역에서 농업·농촌의 공익적 기능에 대한 양자의 공감 대가 넓게 형성되고 함께 만드는 열기가 높아지게 되면 그 열기가 인근 도시지역으로 확산되면서 공익형 직불금을 도입하기 위한 국민적 공감 대가 쉽게 그리고 효율적으로 정착되리라 기대할 수 있을 것이다.

농산물 직거래 유통의 대두

경제가 발전해오면서 오늘날 농산물 유통의 큰 흐름은 생산 → 수집 → 도매 → 소매 → 소비로 이어지는 여러 단계가 정착하는 한편 복잡한 유통 단계를 단순화시키기 위한 끊임없는 요구가 등장하게 되었으며, 그 일환으로 농민과 소비자를 직접 연결하는 직거래 노력이 여러 나라에서 오래전부터 시도되고 있다.

우리나라의 경우에는 1980년대 중반 이후 세계무역의 흐름이 수입 장벽의 소멸을 지향하면서 농업으로서는 일대 위기를 맞게 될 즈음, 농협에서 주창하여 국민적 호응을 얻게 된 신토불이(身土不二)운동이 국내외에서 큰 의미를 남기게 되었다. 이 운동의 취지가 지역에서 생산된 농산물을 그 지역에서 소비하자는 취지이기 때문에 지역 범위의 크기는 여러 단위가 있을 수 있으나, 넓은 의미의 직거래 개념에 해당한다.

일본의 경우에는 지산지소(地産地消)의 개념으로 등장해서 지역 내에서의 직거래를 통한 농산물 소비를 지원하는 체제를 구축하는 운동이 생겨났으며, 영미에서는 농민시장(farmers market)의 개념으로 농민이 자기 농산물의 판매처를 자기 집 근처에 마련해서 직접 판매하는 노력으로 나타나기에 이르렀다.

그러나 이러한 직거래 지향에도 불구하고 농산물의 큰 흐름은 상업화된 현대 농식품 체계로 인해 농산물 생산의 글로벌화 · 규모화 · 단작화 등으로 흐르게 되었으며 그 결과 지나친 효율성을 추구하게 되었고, 농산물 유통은 도매시장과 대형 마트 등 주요 채널 중심으로 집중되면서 여러 부작용이 발생하고 있다.

그 부작용은 구체적으로는 높은 가격 변동성, 먹거리 안전에 대한 신뢰 부족과 중 · 소농들의 상대적인 쇠락 등 여러 가지 형태로 나타나게 됐고, 최근에 와서는 그 반작용으로 한 지역 내에서 농산물의 생산에서 소비까지 순환하는 지역 체계 구축의 필요성이 새롭게 대두되고 정부의 적극적 지원을 받아 다시 한 번 힘을 얻기에 이르렀다.

미국에서는 로컬푸드 마켓(local food market)의 형태, 즉 한 지역 내에서 생산된 농산물을 다단계의 유통 경로를 생략하고 바로 지역 내 소비자에게 연결되는 형태로 새롭게 등장했다. 우리나라의 경우 새롭게 등장한 직거래 형태인 로컬푸드 소비 체계는 하나의 지역 단위에서 생산된 농산물을 그 지역 내에서 우선적으로 소비할 수 있도록 하는 공급 – 유통 – 소비 시스템으로 이해되고 있다. 즉 지역의 중 · 소농들이 생산한 농식품을 조직화하여 학교 · 공공 급식, 로컬푸드 직매장, 가공 · 외식 업체 등 지역 내 주요 수요처로 순환시키면서 생산자와 소비자 사이의 이동 거리를 최대한 단축시켜 신선도를 높이고 농업인과 소비자 사이의 신뢰도를 높일 만한 거리 내에서 이루어지는 유통 체계이다.

물론 여기에서의 직거래의 지향이 일정 지역 내 수요량의 전 품목이나 전량을 목표로 하는 것은 비현실적이지만 도농 복합 지역 내 기존 유통 체제의 부작용을 줄이는 차원에서는 그 의미가 커지고 있다.

이때 직거래가 성립하는 지역의 범위는 우리나라의 행정 체계로는 크게는 시·군 단위에서 작게는 읍·면·동 단위의 범위로 산정할 수 있다. 그러나 행정단위를 기준으로 한 지역보다는 한 개의 직거래장터 또는 점포가 생산과 소비를 연결하는 경제적 범위가 더욱 큰 의미를 가질 수 있다.

로컬푸드 마켓을 통한 농민과 소비자의 연결·소통

우리나라의 경우 정부의 관심 및 주도와 농협의 협조 속에 로컬푸드란 이름의 직거래가 2010년대 이후 크게 힘을 얻으면서 새로운 모습으로 등장하였다.

농산물의 생산과 소비가 한 지역 내에서 이뤄지는 이른바 로컬푸드 체계는 다음의 세 가지 형태로 나타나고 있다. 첫째 학교·공공 급식, 둘째 로컬푸드 직매장, 셋째 가공·외식 업체의 세 가지 형태이다. 이 중 농민과 소비자가 직접 대면하면서 가장 적극적인 소통 기회가 가능한 로컬푸드 직매장의 경우에 집중해서, 양자 간의 의견 교환을 통한 공감의 장을 넓히고 농업·농촌의 공익적 가치를 높이는 데 어떻게 기여할 수 있는지를 살피기로 한다.

제8장 농민·소비자 간 연결을 위한 구체적 접근 방법

일정 지역 내에서 생산된 농산물이 동일 지역 내에서 소비될 때 관내 소비자들은 자기가 소비하는 농산물이 실제 성장하는 전 과정을 지켜볼 수 있기 때문에 안전성 등을 직접 확인하는 기회를 갖는다. 농산물 생육 과정의 관찰만이 아니라 생산 현장의 농민과 대면하면서 그 작물과 관련한 여러 의견을 교환하는 기회도 가질 수 있다. 이때 생산자들은 자신의 이름과 출하 예정 매장 등을 기재한 표시판을 경작지에 부착함으로써 왕래하는 소비자와의 만남 기회와 소통 강도를 높이는 데 도움을 줄 수 있다.

이러한 지역 활성화와 함께 농산물이 지역 내에서 생산되고 소비되어 수송 시간과 거리를 단축하는 직거래의 또 다른 장점은, 운송에 소요되는 에너지와 공해를 감축하며 장거리 운송에 따르는 방부제나 첨가제의 필요성을 제거하고 식품안전 사고 위험을 감소시키는 것이다.

또 수확한 농산물을 로컬푸드 마켓으로 옮길 때 자기 집 앞에 일정 시간에 포장물을 적치한 후 매장 책임하에 공동 수집할 수도 있지만, 농민의 책임하에 매장으로 운송하는 경우에는 매장 내에서 소비자와 대면하는 기회도 가질 수 있다. 매장에서 양자가 대면하는 기회는 매우 소중한 양자 소통의 순간이다. 농산물 현물이 생산자로부터 소비자에 전달되는 순간에, 농산물을 생산한 농민의 온갖 정성을 실어 전달되는 마음의 메시지는, 매장 내 고용된 종사원들로서는 표출이 불가능한 마음의 영역이다.

이때 눈에서 눈으로, 즉 마음의 창문을 통해 전하는 마음의 메시지는 그 생산물을 직접 생산한 농민이 아니고서는 인위적인 연출이 힘든 영역에 속하며, 주요 서비스 업체에서는 신규 영업 사원들을 훈련시키는 중요 항목에 등장하기도 한다.

이렇게 매장에서 생산자와 소비자가 직접 대면하는 순간은 귀중한 기회이기는 하나 매장에 출하하는 생산자 전원이 자주 매장에 나타나기는 사실상 불가능하기 때문에 일정 시간을 정해 윤번제로 참여하는 현실적인 방법을 찾는 것이 바람직할 것이다. 또한 매장 내 각 생산자의 전용 판매대에는 생산자를 표시하는 성명, 농사 경력, 농사와 인연을 맺게 된 사연이나 자세 등 농민의 특징을 설명하는 표지판과 함께 가급적 고객 눈높이에 맞게 농민 사진이 부착되도록 한다. 이때 농민 사진에는 특히 소비자를 향한 눈빛이 살아 있도록 유념해야 한다.

소비자와 농민이 동일 지역에 거주하는 도농 복합 지역이 지닌 독특한 지역공동체 의식을 가지고 생산과정에서도 서로 마주할 뿐만 아니라, 로컬푸드 마켓에서 직접 농산물을 전달하는 순간에도 생산자와 자기의 정성스러운 마음을 적극적으로 전달하는 정성을 다할 때 다음과 같은 적극적 결과를 맺을 수 있다. 첫째 소비자는 고마운 상대방이라는 농민의 적극적 의사 표현, 둘째 농민이 갖추는 자립 의지의 전달, 셋째 소비자를 향해 먼저 선물을 마련하는 적극적 자세 전달 등 세 가지의 농민 덕목을 표현할 수 있게 된다. 이러한 농민 덕목이 여러 직매장과 지역에서 꾸준하게 확산될 때 공익적 기능은 바람직한 방향으로 빠르게 온나라에 정착하게 될 것이다.

직거래 판매장을 운영함에 있어서 가급적 많은 종류의 농산물이 연중 지역 내 수요에 알맞게 고루 공급되도록 하기 위한 품목별·시기별 수요량의 측정, 품목별·시기별 물량의 조절 등은 손쉬운 과제가 아니다. 이러한 측정 또는 조절의 실효성 및 이에 필요한 인력 및 비용 발생, 시기별 주산지 출하품과의 경쟁력 유지 등의 과제가 있기 때문에 단기간에 직거래를 획기적으로 확대하기보다는 경험을 쌓아가면서 점진적으로 늘리도록 배려해야 성공할 수 있다.

한편 판매장의 고정 출하 회원들은 영세 가족농이 대부분이기 때문에 이들에게 안전 농산물 생산 재배법을 철저히 지원하는 것도 중요하며, 이 같은 기술 지원에는 지역 농업기술센터와의 제휴가 필요하다. 전속 출하 농민들의 교육과 출하 체계화를 위해서는 농민 조직화가 필요한데 이때 조직 주체는 영농조합법인 형태 또는 농협 조합원들의 생산 하부 조직인 작목반 형태가 가능하며 이때는 단일 작목 중심이 아닌 복합 작목반 형태가 적합할 것이다.

내방 고객의 편의성을 높이기 위해 직거래 판매장 내에서 진열 상품의 다양성을 확보하려면 단순 가공품을 포함시키는 것도 중요한데 두부, 떡, 빵, 잼 등 단순 가공품을 매장 내 현장에서 가공하게 되면 시각, 후각, 촉각 등 오감을 총동원해 매장 분위기를 최대한 높일 수 있으며 기타 관내 공급이 불가능한 먹거리와 생필품은 농협의 하나로마트와 연계한 공급이 가능하다. 즉 기존의 하나로마트를 확대해서 숍인숍(shop in shop) 형태로 양자 간에 적절히 배치하여 복합 형태로 운영하되 양자 간에는 가급적 확실한 구분 표시를 하여 고객들의 혼동을 예방하는 배려가 필요하다.

직거래장 중심의 도농 복합 지역 활성화

최근 국민 식생활의 서구화 진전과 함께 순환기병 환자가 늘어나고 있으며 특히 청소년을 중심으로 채소·과일 소비 기피 경향이 있는 가운데 비만 체형이 일반화되는 등 국민 건강이 위협받고 있다. 농산물 직거래의 특성상 청과물이 중심 품목이 되는 점에 착안해서 농산물 직매장 활성화와 국민 건강 증진운동을 연결하는 사업을 범국민운동으로 승화시킬 때 두 개 사업 모두 성공을 촉진할 가능성이 높다.

국민 건강 증진과 농업 발전을 포함하는 지역 활성화를 복합적으로 추진하면서 플라스틱과 생활쓰레기 줄이기 등의 환경운동을 함께 엮어서 추진한다면 도농 복합 지역이 우리나라 전체 경제와 사회 전반에 활력을 주는 소중한 자리에 설 수 있다.

이런 귀중한 기회이므로 로컬푸드 마켓이라는 외래어를 빌리는 것보다는 농협이 중심이 되어 수입 개방 압력에서 우리 농업을 살리자는 정신으로 되살린 '신토불이(身土不二)' 이름을 살리는 것이 적절하다는 판단이다. 젊은이들에게 로컬푸드 명칭이 더 친숙하다면 신토불이 매장 명칭과 병행 사용하는 타협안도 고려해봄 직하다.

신토불이의 물리적 의미는 수확 이후 거리 및 시간과 그 영양학적 가치의 역비례 관계에서 연유하였다. 이동 거리가 짧을수록 영양소 보전 상태가 좋을 뿐만 아니라, 지구온난화의 주범인 에너지 소비의 감소도 가능해진다. 따라서 가까운 지역에서 생산된 농산물을 소비할수록 영양도 증대되고 에너지 사용을 줄여 공기 정화도 가능하기 때문에 인류의 건강 증진에 절대적인 도움이 될 수 있다.

신토불이의 의미는 출생지(국가)를 떠나 살아가는 사람들이 늘어나는 시대, 식생활 문화 또한 국제화되고 건강과 의료에 관한 지식과 기술이 발달한 시대에 맞춰 재정립되어야 할 것이다. 우리나라에 거주하는 외국인들이 제각기의 고향에 대한 그리움과 그리움에 따르는 고유 음식이 존재한다는 정신적 의미도 고려의 대상인 것처럼, 해외에 거주하는 우리나라 교포들이 어릴 때 익숙했던 입맛에 맞는 토속 음식을 비싼 값에 수입해서 소비하는 현실도 함께 존중되어야 한다.

지역 내 주민들의 신선 청과물 수요 증대에 의한 건강 증진, 환경운동 등을 함께 추진하고 그러한 지역 활성화의 중심에 농산물 직판장이 위치하면서 도농 복합 지역 내 주민들의 연결과 소통도 원활해지는 계기가 마련될 때 지역 내 주민의 정신적 밀착도 강화될 수 있다. 지역 내 생산 농산물에 대한 가치를 부여하면서, 지역 주민들이 자기 지역에 대한 애착을 키워갈 때 그 지역사회 내의 화합 분위기가 살아날 수 있으며 그 활기찬 기운으로 그 지역의 농업·농촌의 공익적 가치도 정착하게 될 것이다. 그리고 그 열기가 지역 인근의 농촌과 도시로 퍼져 나가서 종국에는 나라 전체로 전파되는 것까지 기대할 수 있다.

청소년의 비만 감소를 위해 농림축산식품부가 전국 모든 초등학교의

방과후 돌봄교실 전체 학생 24만 명을 대상으로 1인당 150g 정도의 조각 과일을 플라스틱 컵에 담아 주 1회씩, 연간으로는 30회를 제공하는 프로그램은 관심을 가질 만하다. 우리나라의 아동·청소년 비만율은 2008년 11.2%에서 2017년에는 17.3%로 높아졌고 앞으로도 청소년 건강을 더 위협할 수 있는데 이 프로그램은 그 개선에 기여할 것으로 기대된다. 농림축산식품부가 앞으로 이 사업을 확대·추진하는 과정에서 지역 내 직거래 매장과 연계한다면 청소년의 비만 퇴치 사업이 지역 활성화 사업과 함께 효과를 거둘 수 있을 것이다.

전북 완주는 우리나라 로컬푸드 매장을 선도하는 지역으로 부상하고 있다. 완주의 직거래 유통의 혁신은 지방자치단체인 완주군청이 주도하지만 참여하는 사회적 경제조직은 200개가 넘으며, 여기에는 농협법에 의한 농업협동조합, 협동조합기본법에 의해 설립된 여러 형태의 협동조합, 사회적 기업, 마을 회사, 마을 공동체, 중간 지원 조직 등이 포함된다.

완주 관내에는 로컬푸드 명칭을 단 직매장이 2020년 현재 모두 12개에 이르고 2020년의 매출액은 594억 원에 달했으며 관내 7,200여 농가 중 43%인 3,100여 농가가 참여하고 있다.

완주 직거래장터의 성공을 뒷받침하는 노력 중에는 전북완주문화재단에서 관내 고령농·귀농인 등을 소재로 영상과 음악을 제작해서 관내 농민들의 농산물에 담긴 예술적 가치를 알리는 노력도 포함되고 있다. 이런 문화 공연을 관람하게 된 지역 소비자들은 자기 이웃에서 땀

흘려 고생하는 농민들의 정성으로 자기 지역에서 자라나는 농산물의 재배 과정을 살피면서 신뢰를 높여가게 된다. 한편 전북농협 전체가 도시 전역에 걸쳐 지원하는 유튜브채널과 디지털 플랫폼의 운영 등 조합원의 디지털온라인 교육은 전북지역의 직거래 장터 활성화에 큰 도움이 되고 있다.

직거래 매장 운영에 필수적인 다양한 농산물의 주년(週年) 공급 체계를 확보하기 위해서는 늦가을부터 겨울까지 비닐하우스 농사가 필수적이다. 비닐하우스 설치는 개별 농가 단위로 운영될 수도 있지만 농협 등 생산자 단체에 의한 공동 시설 및 공동 운영 체제가 바람직하다. 특히 고령 농가 인구가 급증하고 있는 우리 농촌 현실에서 단순한 노동만을 제공할 수 있는 고령 노동력을 효율적으로 집약해서 높은 기술과 생산성을 연결시키는 협동 시설과 협동 생산 체계가 필요하다.

농협에서는 시설과 경영 기능을 담당하고 필요 기술은 지역 농업기술센터와 협조해서 확보하는 한편 필요 노동은 조직화된 고령 농민이 담당하는, 즉 농협+기술센터+지역 농민의 3자 결합에 의한 직매장 경영은, 오늘의 농촌 어려움을 극복하면서 도농 복합 지역에서 소비자와 소통하며 지역의 활력소를 키우는 중심에 서게 할 수 있을 것이다.

직거래 매장 진열 상품의 구색 다양성 제고를 위해 높은 가공 기술이 필요한 가공품의 경우에는 별도 시설 설치와 전문 기술자 채용이 필요하겠지만, 간단한 가공 · 포장 기능은 인근의 비닐하우스 내에서 지역 농민들에 의해 해결될 수 있다. 이럴 경우 지역 고령 농민들의 활동 범위와 소득 증대 기회를 더욱 높이는 귀중한 기회가 된다. 이렇게 다양한 기능을 발휘하는 농산물 직매장은 지역 실정에 알맞은 명칭을 부여해서 지역의 고유한 특성을 높일 수 있다. 예를 들면 지역 내 유명한 산이나 강 이름을 활용해서 ○○○ 농산물 직매장, ○○ 신토불이 매장, 또는 로컬푸드 마켓 등으로 지어 제각기의 개성을 살릴 때 다양한 지역문화 생성에 기여할 수 있을 것이다.

인터넷, 택배 시스템, 사회관계망서비스(SNS)의 발달 및 온라인 쇼핑 등 쇼핑 문화의 발달 및 확산과 관련된 연구 검토도 추가로 필요한 부문이다.

농산물 직판장에 어떤 이름을 부여하더라도, 또한 직판 기능에서 관내 농민들이 어떤 형태로 참여하든 간에, 모든 구체적 행동에는 소비자를 향한 농민의 배려와 정성이 자리 잡아야 한다. 그리고 그 배려와 정성의 기저에 소비자에게 선물을 먼저 건네는 농민의 따스한 마음이 함께할 때 농업의 공익형 직불제는 제대로 정착될 수 있다.

나. 지역 특산품을 통한 도농 간 연결 · 소통의 문
― 지리적 표시제를 중심으로

농업 주산지 고유의 특산품 브랜드화

지역의 명칭이 앞에 붙은 지역 특산품(상주곶감, 이천쌀, 보르도와인 등)

은 오랜 세월 동안 품질의 우수성이나 타 지역산과 구별되는 독특한 품질 특성으로 소비자들로부터 높은 명성을 얻은 것들이다. 이런 유명 특산품의 반열에 오르게 되면 판로 개척이나 가격 형성에서도 유리하기 때문에 늘 '가짜 상품'의 위협을 받게 된다.

따라서 이런 유명 상품은 그 상품명을 '상표법'에 따라 등록을 하게 되면 '상표권'이 설권되어 보호받을 수 있다. 그러나 상표법상 널리 알려진 지역 특산품이라 할지라도, 농산물 이름과 함께 지역 명칭을 병기해서 표기할 경우, 즉 '현저한 지명'을 상표상 포함하는 경우에는 상표 등록이 불가능하고, 따라서 법적인 보호가 불가능했을 때가 있었다. 여기에서 '현저한 지명'의 해석은 실제 법 적용상 까다로운 과제이기는 하나 시군 단위 이상이나 읍면 지명 중 널리 알려졌다고 할 만한 지명도 해당될 수 있었다. 예를 들면 과거 경기도 '이천쌀'이 유명하고 가격이 높았으나 '이천'은 현저한 지명으로 상표법상 상표등록이 불가능했기 때문에 유통업체가 품질이 낮은 타 지역산 쌀을 법적 뒷받침 없이 '이천쌀' 명칭으로 판매하는 경우가 실제 흔하게 생겨났고, 심지어 미국에서도 미국산 쌀 포장재에 '이천쌀'이라는 상표명을 붙여 오랫동안 캘리포니아 시장에서 판매했던 때가 있었다. 이런 부작용을 방지하기 위해서는 별도 법체계의 필요성이 대두하게 되었다.

이러한 요구에 부응하기 위한 '지리적 표시제'는 '현저한 지명'이 포함된 상품명이더라도 오랜 세월 동안 소비자들로부터 높은 명성을 얻어 유명해진 지역 특산품에 대해서는 일반 상표법의 정신에도 불구하고 별도의 법체계에 따라 그 명칭을 법으로 '등록'하여 권한 없는 자의 부정 사용으로부터 보호하는 제도이다.

유럽은 1930년대부터 '와인과 증류주'를 대상으로 지리적 표시제를 발전시켰는데 이 지리적 표시제는 '명칭 보호' 기능과 함께 명품으로서의 품질을 향상시키는 '명품화' 효과가 크기 때문에 유럽은 지리적 표시제를 활성화시켜 신대륙의 와인 산업으로부터 유럽의 와인 산업을 지켜냈다. 1995년 WTO 체제 출범을 계기로 세계무역 질서의 새로운 확립과 1994년 '유럽연합'의 결성은 이 지리적 표시제가 전 세계로 확대되는 계기가 되었으며, 이때부터 와인과 증류주뿐만 아니라 '일반 농식품'까지 적용 범위를 넓히게 되었다.

우리나라도 지역 특산품의 품질 향상과 지역 특화 산업으로의 발전을 도모하고 가짜 상품으로부터 소비자를 보호하기 위하여 1999년부터 '지리적 표시제'를 도입해 시행하고 있는데 지금까지 190여 건의 지역 특산품이 등록되어 보호받고 있다. 예를 들면 유럽연합(EU)과 자유무역협정(FTA) 체결 시 '지리적 표시 등록 리스트'를 서로 교환하여 보호하기로 협정을 맺어 현재 유럽연합과 우리나라는 등록된 지리적 표시에 대해서 상호주의에 의해 보호해주고 있다.

지리적 표시제의 기능은 지역 특산품의 명칭 보호와 품질 향상 및 차별화 · 명품화 외에 다른 기능도 있다. 많은 사람들은 선진국과 우리 농업의 근본적 차이의 하나로 농업에 대한 농민들의 자부심에 큰 격차가 있다고 한다. 즉 선진국 농민은 농업에 대한 높은 자부심이 있는데 우리 농민의 자부심은 이들에 비해 아직 미흡하다고 한다.

농가 소득 증대나 농촌 생활환경 개선도 중요하지만, 시간을 길게 잡아볼 때 농민의 사기와 자부심을 세워주는 것이 더 시급한 과제일 수도 있다. 특히 많은 예산이나 시간을 들이지 않고도 농민의 사기를 드높이는 묘책이 없는지 고심해볼 만한 일이다.

자부심을 느끼게 하는 일반적인 원천은 재력과 명예 두 가지일 것이다. 현재 우리 농촌에서 제한된 범위의 농민을 제외하고는 재력을 통해 자부심을 갖는다는 것은 쉬운 일이 아니다. 재력은 결국 돈으로 표시되는 한 가지의 척도밖에 없으나 명예를 형성하는 원천은 다양한 형태로 다가올 수 있다. 미국이나 호주·뉴질랜드처럼 농가당 농토가 넓은 나라는 명예보다는 재력의 잣대에서 자부심을 찾을 수 있겠지만, 유럽이나 아시아 등 오랜 역사를 가진 나라에서는 농민의 자부심을 세우는 기초를 명예의 형태로 더 쉽게 찾을 수 있다.

세계에 자랑할 많은 전통문화 중에는 지역의 독특한 역사와 민속적 소재가 어우러져 엮어내는 향토 특산품이 광범위하게 존재한다. 이들 향토 자원이 애초에는 작게 보일지라도 이를 칭찬하는 분위기를 만들다 보면 지역 생산자 농민들의 자부심을 키우는 원천이 될 뿐만 아니라 소득 증대에도 크게 기여할 수 있다. 이런 측면에서 우리나라도 이제 지리적 표시제의 선진국 대열에 합류하게 된 것은 매우 다행스러운 일이다.

우리나라의 농식품 소비시장은 소비자의 소득수준이나 소비량에 있어서 매우 매력적인 시장이며 '한류'나 'K푸드'의 위상과 브랜드 가치가 세계시장에서 자리를 잡으면서 우리 농식품의 인기가 날로 높아지고 있다. 그러나 우리 농식품에 대한 정책이 원산지 증명, 안전성을 증명하는 수준에 머물거나 물리적 품질만을 앞세우는 것은 세계시장에서의 경쟁에서 충분하지 않다. '한류'나 'K컬처'와 함께 우리 농식품에는 고품질이나 안전성은 기본이고 지리적 표시제를 활용해 자기 지역이 갖고 있는 역사와 전통적 가치를 지역의 농식품에 더해서 문화 상품으로 만들어내는 일이 필수 조건이 되었다.

유럽의 와인이 아메리카 신대륙과 남아프리카의 새로운 고품질 와인의 물결 속에서 아직까지 명품 와인으로서 자리를 굳게 지키며 와인 산업을 잘 지켜내고 있는 것도 바로 이 지리적 표시제의 힘이다. 지리적 표시제는 역사와 전통을 간직한 '이야기가 있는 문화 상품'으로 승격시킬 뿐만 아니라 전통과 역사를 지닌 특산품을 만드는 생산자 농민들의 정성과 이를 원하고 알아주는 소비자의 감성을 만나게 하고 상호 소통하게 하는 통로를 만들어주는데 이것이 이 제도의 또 다른 효과이며, 화려하고 매혹적인 어휘와 디자인에 바탕을 둔 일반 상표 브랜드와는 다른 고품격 상표라 할 수 있다.

우리나라 지리적 표시제의 활성화 방안

지리적 표시제가 만들어진 유럽에서는 농산물과 식품에 대한 지리적 표시 보호 제도를 'PDO'와 'PGI' 두 종류로 구분하여 시행하고 있다.

먼저 '원산지 명칭 보호(Protected Designation of Origin: PDO)'는 품질

특성이 본질적으로 해당 지역의 지리적 특성에서 기인하여야 하며, 가공품의 경우 주원료의 생산과 가공부터 최종 상품 완성 단계까지 전 과정이 해당 지역 내에서 이루어져야 함을 말한다.

두 번째 '지리적 표시 보호(Protected Geographical Indication: PGI)'는 상품의 이름이 인용된 지역에서 해당 상품을 생산하거나 생산, 가공 중 어느 한 단계만 해당 지역 내에서 이루어지면 되고, 가공품의 경우는 주원료가 해당 지역 내에서 생산된 것이 아니더라도 가공 과정상 해당 지역의 지리적 특성에 의하여 품질 특성이 생성되는 경우는 등록되어 보호받을 수 있다(사례: 외지에서 생산된 포도를 원료로 제조한 와인).

유럽연합이 지리적 표시제를 PDO와 PGI로 구분하여 두 가지 형태로 시행하고 있는 것과 달리 일본은 2015년부터 지리적 표시제를 도입하면서 PDO와 PGI를 구분하지 않고 폭넓게 등록이 가능한 PGI로 시행하여 다양한 농수산 가공품을 등록하여 보호하고 있다.

우리나라는 1999년 '농수산물 품질관리법'에 지리적 표시제를 도입하면서 PDO 개념만 도입하여 시행하고 있기 때문에 20년이 넘도록 원료 중 '외지 원료'를 일부 사용하는 막걸리나 대부분의 전통주가 지리적 표시 등록 대상에서 배제되어 있을 뿐만 아니라 최근 농식품부의 식품 산업 육성 정책에 따라 빠르게 발전하고 있는 다양한 '농식품'도 지리적 표시로 보호받지 못하고 있다.

또한 수산물은 농산물 지리적 표시 규정을 그대로 수산물에 적용하다 보니 '영광굴비'나 '안동간고등어', '죽방멸치', 새우젓 등 국내 연근해에서 포획하여 육지에서 가공한 수산가공품은 20년이 넘도록 한 건도 등록을 못하고 있다. 정책 당국인 해양수산부에서 '농수산물 품질관리법' 시행령을 개정하여 국내산 수산물을 주원료로 하는 수산가공품에 대해서는 지리적 표시 등록을 통해 보호 육성할 계획으로 알려지고 있다.

지리적 표시제는 단순한 인증 제도와 달리 등록을 받지 못하게 되면 국내는 물론 해외시장에서도 보호를 받지 못하게 된다. 예를 들어 '대한민국김치' 또는 '한국김치'는 현재 원산지 국가인 우리 대한민국에서 지리적 표시 등록이 되지 않아 보호받지 못하고 있기 때문에 중국이나 미국, 호주 등에서 제조한 김치를 '한국김치'나 'Korean Kimchi'로 외국에서 판매해도 이를 법적으로 막을 수 없다. 따라서 현재 김치 수출 기업들이 해외시장에서 가짜 한국김치 때문에 한국에서 수출된 진짜 한국김치들이 경쟁에 어려움을 겪고 있다고 호소하고 있다.

이러한 어려움 때문에 '김치산업 진흥법'에 '한국김치'라는 명칭 사용은 지리적 표시가 등록된 김치에만 사용하도록 명시(2020.8.12. 시행)했으며 농식품부와 김치 생산 업체들이 '대한민국김치 지리적 표시 등록'을 위해 협의를 하고 있는 과정으로 전해지고 있다. 우리나라와 같이 지리적 표시제를 PDO 개념으로만 시행할 때 '김치의 주원료를 국내산으로만 제한'해서 지리적 표시 등록을 받게 되면 '국내 시장'에서는 수입 김치 또는 수입 원료로 제조한 김치와 차별화할 수 있어 큰 성과를 기대할 수 있다. 그러나 해외 수출 김치 업체들은 국내산 고춧가루 조달에 어려움이 있어 김치 수출 산업에 타격이 불가피할뿐더러 지리적 표시 등록 작업도 어려움에 처하게 된다.

이를 해결하기 위해서는 국내 유통 김치의 경우에는 주원료를 국내산으로 하는 PDO 지리적 표시로 등록하여 차별화하고, 해외 수출 김치에 대해서는 PGI 지리적 표시로 등록하여 해외시장에서 보호받도록 하는 방법이 가능하다.

우리나라는 20여 년간의 지리적 표시제 시행을 통해 우리 농식품의 품질 향상과 지역 특화 산업 발전에 많은 성과를 거뒀으나 유럽 선진국의 농식품과 경쟁하고 국내는 물론 해외시장에서 우리 농식품의 권리를 보호받고 경쟁력을 유지하기 위해서는 PDO와 함께 PGI 지리적 표시의 병행 도입이 시급한 과제로 떠오른다.

지리적 표시제를 통한 농민과 소비자의 연결 · 소통

농업 주산지에서의 특산품을 증명하는 지리적 표시제는 결국 농민과 소비자가 소통하는 길을 넓히는 기능을 수행한다.

첫째, 지리적 표시 등록 특산품은 그 명칭과 그 특산품의 생산 지역이 일치한다. 가공품의 경우 그 원료까지 해당 지역 내에서 생산된 것만 사용해야 하는데, 예를 들면 소비자는 '상주곶감'을 구매하면서 경북 상주시에서 감 농사를 짓는 농민들과 곶감을 만드는 생산자들을 생각하게 된다. 소비자들은 대부분 본인 또는 부모님이 '지역'에 연고를 가지고 있기 때문에 '지명 + 품목명'을 가진 지리적 표시 특산품은 도시민들이 지역과 지역의 생산자들을 생각하게 하고, 생산자들은 본인의 삶의 터전인 지역의 명예를 특산품에 넣어 판매하기 때문에 지리적 표시제는 도시민과 생산자들을 이어주는 소통의 기능을 가지고 있다.

둘째는 생산 농민들 간의 소통을 강화하는 기능을 담당한다.

특정 특산품의 명성을 유지하는 지역이라 하더라도 지역 내 농민들이 제각기 전해 내려오는 고유한 기술을 실천할 때 농가마다 다를 수도 있고, 명성에 무임승차하는 농가나 유통인도 있을 수 있다. 그러나 지리적 표시 등록을 통해 명칭에 대한 법적 권리와 의무를 지는 농민들의 조직화를 통해 특산품 생산의 전통 기술을 발굴, 스스로 규약(자체 품질 기준, 품질관리 계획)을 만들고 이 규약을 준수하는 체계를 갖추기 때문에 품질 향상과 유지 발전이 가능하다. 이와 같이 소비자와의 소통과 함께 농업 생산자의 조직화를 통해 지역 농가 간 소통을 원활하게 하는 기능을 담당하기도 한다.

지리적 표시제 활성화를 위한 농협의 역할

오랜 세월 동안 그 지역의 자연환경적 특성과 축적된 생산 비법을 포함한 '지리적 특성'에서 기인되는 우수성과 품질 특성으로 명성이 높은 지역 특산품은 명칭을 보호하여 품질의 우수성과 생산자들의 명성을 유지할 수 있도록 하여 해당 지역의 특화 산업으로 육성하는 것이 '지리적 표시제'의 본질이다. 그러나 품질관리를 위해 조직화된 생산자들을 끊임없이 교육하고, 등록 단체가 역량을 확보하고 해당 지자체와 협력을 통해 지리적 표시 특산품의 품질 향상과 경쟁력을 유지하는 과정은 쉬운 일은 아니다.

지리적 표시는 '공동 지식재산권'이기 때문에 지역의 특정 생산자나 생산자 단체의 전속적 권리가 될 수 없고, 지역 생산자들의 자유로운 참여를 보장해야 하기 때문에 대부분 '신규 법인'을 설립하여 등록하는 경우가 많다. 이때 지역의 농협들이 '신규 법인' 설립을 주도하여 지리적 표시를 등록하고 등록 후 해당 지자체와 협력하여 관리하는 지역의 경우에는 등록 후 품질관리가 원활하게 이뤄지고 있으나, 충분한 역량이 부족한 신규 법인이 등록한 지리적 표시의 경우에는 '등록 후 관리'가 이뤄지지 못하여 '지식재산권 확보'에 그치고 지역 특화 산업으로 지속 발전하지 못하고 있으며 지리적 표시 등록이 취소되는 사례까지 발생하고 있다.

역량을 아직 갖추지 못한 채 민간 신규 법인이 등록한 경우 지역 농협이나 농협중앙회 시군 지부가 적극 나서서 등록 법인의 사무를 지원할 필요가 있으며, 지역 농협들이 참여하여 설립한 '농협조합 공동사업 법인'이 운영되고 있는 지역은 이 '농협조공법인'이 해당 지역의 지리적 표시 등록 후 관리 업무를 맡아 지자체와 협력하게 되면 조공법인의 경제 사업 활성화뿐만 아니라 지역의 공동 지식재산권인 지리적 표시 업무를 수행한다는 공익적 측면에서도 매우 의미 있는 일이 될 수 있다.

지리적 표시제는 이를 등록하고 품질관리를 통해 명성을 지속적으로 발전시켜나가는 과정에서 생산자 농민과 소비자가 연결되고, 지역의 농협과 해당 지역의 지방정부가 협력을 하게 되기 때문에 여러 주체들

간의 소통과 협력에도 기여하는 매우 유용한 제도가 될 수 있다.

다. 농촌 지역 고령 농민과 생산 · 유통 활성화

우리나라의 인구 고령화가 세계에서 유례없이 빠른 속도로 진행되는 가운데 특히 농촌에서는 고령화 문제가 더욱 심각해지면서 그 부작용도 점차 커지고 있다. 첫째 생산능력 없이 소비만 하는 인구의 증가는 사회의 활력을 떨어뜨리면서 전체 경제의 큰 부담으로 작용하게 되며, 둘째로 의료비의 증대로 의료보험 재정 부담을 가중시키면서 국민이 부담하는 의료 보험료가 매우 빠른 속도로 증가하는 부작용이다.

이와 같은 인구 고령화에 따른 심각한 부작용을 해결하기 위한 노력이 일본의 산골 농협인 오야마(大山)농협에서 전개되는 것은 우리에게 많은 시사점을 줄 만한 귀중한 대상이다.

우선 사업의 출발점은 신선 채소 생산이 불가능한 시기에도 생산이 지속되도록 비닐하우스를 설치하는 것이다. 농업 생산 기능에 매실청 및 허브 가공 등 간단한 농산물 가공 기능을 추가함으로써 농가의 생산 영역을 가공 분야까지 넓히는, 즉 생산 · 유통 범위의 확대로 농가 소득원의 확대가 가능하다. 이때 가공만을 추가하는 것이 아니라 신선 채소의 포장 기능까지 확대한다면 농업 생산 유통 및 가공 범위가 더욱 커지는 효과도 거두게 된다.

이와 함께 고령 농민들의 취사와 취식을 해결하는 식당과 휴게 시설을 비닐하우스 내에 함께 설치해서 고령 농민들의 생활 편의를 제공하고 또한 독거 고령 농민들의 고독감과 불편함을 덜어줄 수 있다는 장점이 있다. 이렇게 해서 고령 농가들의 일거리를 확보하고 생활의 편의를 제공할 때 소득 증대뿐만 아니라 무료함과 고독을 이겨내며 건강 증진에도 기여해서 의료보험 지출의 절감 효과도 거둘 수 있게 된다.

농촌 문화와 사업 활성화의 두 가지 목적을 동시에 달성한다는 의미에서 이러한 농장을 일본 오지의 오야마농협에서 문산농장(文産農場)이라는 이름으로 시도한다는 소식은 우리에게도 큰 참고가 된다. 특히 앞에서 설명한 도농 복합 지역의 직거래장터(로컬푸드 마켓 또는 신토불이 매장)의 출하 품목 범위를 넓히고 계절적인 출하 단절의 문제를 완화하는데에도 크게 기여할 수 있다.

또한 지역 특산품에 오르는 지리적 표시제를 활성화시키는 일반 농촌 지역을 포함해 농촌 곳곳에서 농산물 포장 작업 등을 원활하게 하기 위해서도 고령화된 농민 노동력을 활용하는 데 더욱 큰 관심이 필요하다.

우리나라의 경우 농촌 지역 고령 주민들을 위한 여러 가지 복지 향상의 일환으로 추진되는 프로그램들은 노인들의 무료함을 달래주는 여가 보내기와 체력단련에 집중되고 있다. 물론 고령층의 무료함을 달래주고 체력 단련을 지원하는 것도 중요하다. 그러나 적당한 육체노동이 수반되며 농가 소득 보충에도 기여하면서 소비자와의 소통 증진에 기여하는 일본 산골 농협의 선도적 사례는 우리에게 많은 참고가 된다.

라. 일상생활 주변에서 찾는 농민 · 소비자 소통의 길

우리가 일상에서 경험하는 가족 행사와 직장 내 여러 행사에는 대개 음식을 함께 나누는 시간이 포함되는데, 행사 내에서 음식을 나누는 기회가 차지하는 의미와 시간 배분상의 비중은 매우 크며 참석자의 만족도가 높은 음식은 행사의 성공 여부를 결정하는 중요 요인의 하나이다.

인생의 중요한 고비가 되는 가족 행사나 직원 사기와 체력 증진을 목적으로 개최하는 직장 내 행사에서 그 행사의 뜻도 살리면서 농업 · 농촌의 공익적 기능을 긍정의 방향으로 키우는 길도 찾을 수 있다.

더욱이 우리 농업 · 농촌이 어려운 이때 혼인이나 생일잔치 등 인생의 중요한 고비를 기념하는 자리에서 농민이 생산과정에 바친 정성이 그 모임의 뜻을 크게 부각시키는 역할을 수행할 수 있다면 한 가지 노력으로 두 개의 목적을 동시에 달성하는 일석이조의 효과를 거둘 수 있다.

농산물 유통 과정의 최종 단계인 음식물 섭취 과정은 건강 유지나 입맛을 충족시키는 단순한 영양 섭취 과정으로 끝날 수도 있다. 그러나 이 최종 단계에서 농산물의 생산과 소비의 양쪽 끝에 위치한 생산자와 소비자 쌍방이 서로 양자의 존재를 인식할 뿐만 아니라 자신들과 관련한 특별한 사연도 생각하게 하는 귀중한 기회로 활용할 수 있다.

잔치 음식에서의 연결·소통의 길

넘쳐나는 수입 농산물로 약화되는 우리 농산물의 경쟁력 향상을 위해 잔칫상 차림은 더할 나위 없이 좋은 기회이다. 특히 결혼이나 팔순 잔치 등 인생행로에서 큰 의미를 갖는 자리의 잔치 음식으로 올라오는 농산물은 그 자리를 마련한 가족이나 초대받은 손님들의 기쁨과 함께 오래도록 기억되는 특혜를 갖는다.

우선 결혼식이나 팔순 등 생일 관련 행사는 요즈음 추세가 양식이 대세이다 보니 한식은 그만큼 불리한 출발점에 서게 된다. 이런 추세에서는 완전한 한식을 고집하기보다는 첫 단계에서는 양식과 함께 한식을 곁들이는 이른바 퓨전식으로 시작해서 점차 한식의 비중을 높이는 전략을 구사하는 것이 현실적이다. 음식 한 가지씩 접대하는 코스 요리이건 뷔페식의 음식이건 그 자리에 참여하는 손님의 특성에 맞추어서 우선은 한식 비중을 높이면서 한식 원료 중에도 우리 농산물의 비중을 높이는 다양한 노력이 필요하다. 이때 메뉴판이나 뷔페 차림의 음식 소개 안내판을 통해 재료가 되는 원료 농산물을 음식상에 소개하는 기회를 활용해서 그 농산물이 태어난 지역이나 건강에 미치는 영향 등과 함께 그 농산물의 생산과정에 담긴 생산자의 특별한 사연을 소개한다면 그 잔칫상을 더욱 뜻깊게 하면서 그 자리의 하객과 우리 농산물과의 친밀감을 높이는 소통의 기회로 활용이 가능하다(농민신문 칼럼, 이내수, 잔치 국수 건지는 포크, 2017.4.7, '부록2' 275~277쪽 참조).

예를 들면 잔칫상에 올라오는 잔치국수는 대개는 수입 밀을 그 원료로 한다. 그러나 환갑을 맞이하는 잔치의 주인공이, 자신이 태어나서 자라난 농촌 고향에서 생산된 우리 밀을 원료로 해서 만든 국수를 상에 올리며 상 위의 메뉴판을 통해 그런 내용을 소개한다면 그 잔치는 모든 참여자와 함께 한층 그 의미를 키우는 마당이 될 수 있다. 농업·농촌의 공익적 기능을 정착시키기 위해서는 아무리 작은 가능성이라 해도 모든 정성을 하나하나 쌓아가는 노력이 필요하다.

잔칫상 자리에서 현재까지도 주도적 역할을 담당하는 밀가루 제품인 서양식 케이크 커팅을 떡 자르기로 전환할 때 우리 쌀의 위치를 격상시키는 계기가 될 수 있다. 떡 자르기에 편하도록 시루떡 형태를 술떡 등의 부드러운 형태로 변환하는 기술적인 노력이 병행될 때 그 가능성을 높일 수 있을 것이다.

이 잔칫상 차림에서 서양식이 자리 잡게 되면 우리 농산물의 소비 기회와 가치는 줄어들고 우리 한식 내용과 함께하는 우리 고유 문화도 같이 위축되는 결과로 이어진다. 이 잔칫상에서 우리 농산물을 통해 우리 전통에 녹아 있는 우리 문화의 영역을 높이는 노력은 시민 단체의 활동이 더욱 필요한 영역이며 시민 단체의 이런 활동을 위한 정부 지원이 필요하다.

직장 내 행사와 각종 체육 행사를 통한 연결·소통

잔치 마당과 같이 음식 차림의 중요도가 높은 행사도 있지만, 음식이 보조적 역할에 그치는 송년회·시무식 또는 각종 체육 행사 등 음식물의 존재가 덜 중요한 행사도 농산물 생산자가 소비자와 만나서 소통하는 귀중한 자리이며 농업·농촌의 가치를 드러낼 수 있는 기회이다. 이때 본 행사가 지향하는 전체 분위기를 저해하지 않고 오히려 그 분위기를 살리는 데 기여하면서 농업·농촌·농민의 참모습을 참여자에게 심어주는 주도면밀함이 발휘되어야 한다.

개인 건강을 유지하며 증진하는 두 개의 핵심 요소가 음식과 운동이라는 점에서 올림픽부터 학교 운동회까지 체육 행사별로 농산물이 참여하는 적절한 이벤트를 곁들일 때 농산물의 이미지를 높이는 절호의 기회가 된다.

특히 우리 농산물의 대표적 상징물인 쌀의 소비가 급속히 감소하면서 우리 농업의 활력이 떨어지는 추세와, 운동 부족과 식생활 서구화로 비만과 영양 불균형 등의 복합적 요인으로 국민 체력과 건강이 동시에 위험에 떨어지고 있는 두 가지 현상을 함께 상기하면서, 건강 증진에 기여하는 쌀의 중요성을 부각시키기 위해 2002년부터 실시해오는 농민신문사 주관의 '러브 미(Love 米) 농촌사랑 마라톤 대회'가 있다.

이 행사는 저자가 농민신문사에 재임 중 모든 임직원의 열정적 행사 주관으로 출발해서 현재까지 이어지는 뜻깊은 행사이다(한용석, 농민신문과 나, p.610, 611, 이내수, 농민신문과 나, p.620, 621, 농민신문 50년사 1964~2014, 2014.8.15, 농민신문사). 이 행사를 준비할 때의 초점은 체육 행사에 참여하는 모든 참가자들이 체육만이 아닌 떡 등 쌀로 음식을 만드는 현장을 함께 즐기며 맛보는 체험을 더해 행사의 즐거움과 쌀의 의미를 상기토록 하는 것이었다. 체력을 증진시키는 보람과 행사에 즐거움을 더하면서 농업·농촌이 국민과 함께하는 친근감을 높이는 계기가 되도록 노력한 행사였다.

학교 체육 행사와 직장 또는 가족 단위 체육 활동을 주제로 하는 기쁜 자리는 농산물 이면에 자리 잡고 있는 농업·농촌의 이미지를 높이는 귀중한 기회이며, 특히 그 지역에 알맞은 적절한 프로그램은 지역 특산물의 위치를 높이는 데 크게 기여할 수 있다. 직장이나 학교의 송년회 등 의미를 가진 행사에서 농산물의 참여 기회는 그 의지와 지혜가 어울리게 될 때 매우 유용하게 활용될 수 있다.

한편 저자가 농민신문사에서 근무하던 2002년 농민신문사 주관하에 제1회 농업인신년대회를 열게 된 취지는 농업 관련 생산자 단체와 소비자단체, 정부, 국회 등의 관련자들이 새해 출발과 함께 일 년을 다짐하는 뜻깊은 자리에 우리 농산물이 함께하는 의미를 살리자는 것이었다 (이내수, 농민신문과 나, p.621, 전게서).

특히 이 자리는 신년 인사회에 등장하던 밀가루 케이크 커팅을 떡 시루로 바꿔 새해를 다짐하는 귀중한 순간 쌀을 등장시킨 최초의 행사로 기억된다. 신년회 등의 귀중한 자리에서 밀가루 대신 쌀이 등장함으로써 쌀의 위상이 높아지는 상징성을 보여주면서 쌀의 소중함을 다시 한번 일깨우는 기회를 기대하며 마련된 행사였다.

소통과 공감

농업의 공익형 직불제 정착과 팬데믹 극복의 길

제 9 장

농업 · 농촌의 공익적 가치 구현을 위한 여건 형성과 지원

제 9 장
농업 · 농촌의 공익적 가치 구현을 위한 여건 형성과 지원

농업 · 농촌의 공익적 기능을 키우고 그 가치를 높이는 길은 농민들의 자조적 의지에서 출발하고 스스로 이끌어가면서 성공할 때 가장 바람직하지만 농민 혼자만의 노력만으로는 힘에 부쳐서 외부 지원이 불가피한 부문이 있다. 그러나 외부 지원에서 지켜야 할 가장 중요한 원칙은 농민의 자구 노력을 훼손하지 않도록 최대한 배려하는 것인데, 농민의 노력을 뒷받침하기 위해서 가장 필요한 부문은 조사 연구에 의한 과학적 자료의 뒷받침이다.

우선 공익적 가치 발현을 기초로 하는 농업 · 농촌의 진로 설정에는 여러 부문의 과학적 근거를 갖춘 조사 연구 자료가 절대적으로 필요하지만 농민의 능력과 비용으로는 그 조달이 불가능할 때 정부 주도에 의한 자료 축적과 제공이 필요하다.

가. 인공지능의 발전과 농업의 공익적 가치

2016년 이세돌 9단과 구글에서 개발한 인공지능(AI) '알파고'의 세기적 대결은 인공지능의 적용 범위가 획기적으로 확대되었음을 알리는 상징적 사건이었다. 인간을 대신해서 컴퓨터가 스스로 생각하고 자기 계발하며 작업해가는 이 기술은 농업 생산과 유통 분야에도 적용될 수 있다.

농업 분야 AI 기술 개발은 민감한 개인정보의 대상이 아니면서 그 정보 수집도 용이하기 때문에 최근 괄목할 만한 진전을 보이고 있으며, 우선 병충해 감별을 신속하게 처리하는 방제 활동이 그 대상으로 떠오른다. 이와 함께 AI를 탑재한 농업 로봇이 잡초 제거와 농산물 수확 작업을 대신 수행함으로써 농업 생산의 노동력을 줄이면서 생산성을 높이는 사례도 등장하고 있다.

2018년에는 네덜란드의 와게닝겐대학교와 중국의 정보 기술 기업인 텐센트가 공동 주최한 '제1회 세계농업 인공지능 경진대회'에서 인간 농부와 AI 농부가 오이 재배 승부를 벌인 결과 AI 농부가 승리하는 충격을 안겼다. 미국의 마이크로소프트사 소속 엔지니어들로 구성된 소노마(sonoma) 팀의 AI는 온실 내부의 온도·습도 등의 판단에서 인간 전문가를 뛰어넘어 단위 면적당 생산량에서 인간 농부에 비해 16% 더 높은 성과를 거두어 그 가능성을 증명한 바 있다.

이 AI 분야의 농업기술 개발을 위한 정부의 조사 연구에서 우리의 경우에는 특히 영세 가족농에 알맞은 기술 개발에 관심을 가질 필요가 있다. 정부가 관심을 가져야 할 또 하나는 AI 농업기술과 농업의 공익적 가치의 관계를 정립하는 것이다. 농작물의 생육 과정에서 발생하는 병충해나 잡초 제거와 수확 단계에서의 AI 활용은 농업의 공익적 가치와 공존 가능한 기술 분야이지만, 온실 등 시설 농업 관련 첨단 농업은 다른 차원에서 신중한 검토가 필요한 부문이다.

특히 온실 등의 시설 농업과 AI 기술이 결합한 최첨단 공장형 농업 생산은 환경보호, 농촌 경관이나 식량 안보 등 농업의 공익적 가치와는 무관하거나 때에 따라서는 오히려 공해 요인으로 등장할 위험까지 있기 때문에 공익 증진형 농업과 공장형 AI 농업의 조화로운 공존을 위한 방향 설정은 정부가 결정해야 할 몫이다.

물론 첨단 과학기술을 적용해서 젊은이들이 농업을 통해 꿈을 실현하고 농업 · 농촌의 희망을 열어가는 역할을 AI가 담당해야 하겠지만 우리나라 전체 농업을 AI 농업 개발 방향만으로 이끌어간다면 농업 · 농촌의 공익적 기능 충족은 불가능해진다.

최근 AI를 활용한 네덜란드의 성공 사례가 자주 소개되면서 우리나라에서의 도입 가능성이 활발하게 논의되는 것은 물론 필요하지만 그 가능성을 진단함에 있어서 참작해야 할 두 가지가 있다. 첫째는 그 나라의 수출 가능성이 우리나라와는 크게 다르다는 점이다. 네덜란드는 지리적으로 수출 장벽이 없는 EU라는 넓은 시장을 갖는다는 유리한 점이 있지만, 반면에 우리는 지리적으로나 물리적으로 큰 수출 장벽을 갖고 있어서 수출 목적의 농산물이 국제시장의 변화에 따라 수출되지 못하고 국내에 유통되며 국내시장을 교란시키는 심각한 실제 사례가 있었음을 상기해야 할 것이다. 또한 네덜란드는 우리와 달리 농업 종자 산업과 농업기술 개발에서 오랜 기간 세계적으로 앞선 기술을 축적해 오면서 선진 기술진과 농민들을 오래 전부터 풍부하게 확보할 수 있었다는 점에서 우리나라와는 다르다는 것을 유념해야 한다.

나. 농업과 환경문제

농업 환경 보전과 개선을 위해서는 지역별 · 필지별 토양의 현재 비옥도에 기초한 적정 시비량이 제시되어야 하는데, 우리나라는 현재 토양의 양분 과다가 심각하다는 지적이다. 우리나라 농지 면적은 2010년 171만 5천ha에서 2018년에는 159만 6천ha로 감소했지만 같은 기간 중 화학비료 판매량은 42만 3천 톤에서 44만 6천 톤으로 되레 증가해 국제 기준에 비해 심각한 과다 투입에 대한 우려가 높아지고 있다. 즉 2015년 기준 우리나라의 1ha당 질소질 화학비료 투하량은 미국의 79kg, 일본의 95kg보다 훨씬 높은 166kg에 이르고 있을 뿐만 아니라 일본은 2006년에 비해 8.5% 줄어들었지만 우리나라는 10%가 증가하고 있다.

화학비료뿐만 아니라 가축 분뇨까지 가세하면서 토양 비옥도의 과잉화를 더욱 부추기고 있다. 즉 우리나라 농경지에 필요한 적정 양분은 30만 M/T 수준인 데 비해 실제로는 화학비료 외에도 가축 분뇨에서 30만 M/T의 비료 성분이 투입되는 것으로 추계되고 있다. 이렇게 과다 투입되는 비료 성분은 토양뿐만 아니라 수질마저 오염시키는 국토 환경 오염의 큰 원인으로 지목되고 있다.

화학비료는 원료 · 수입 제조 및 투입 과정에서 그리고 가축 분뇨도 그 발생과 퇴 · 액비 제조 과정뿐만 아니라 이용 과정 등 모든 단계에서 온실효과와 토양 수질의 오염 등 환경을 파괴하는 원인이 되고 있다. 또한 축산 분뇨는 악취 발생과 미관 저해로 인해 끊임없는 민원의 대상이 되고 있다. 환경부에 의하면 가축 분뇨는 2017년 기준 하루 평균 거의 18만 톤이 발생하고 있으나 이 중 72%만이 퇴 · 액비로 활용되는 과잉 분뇨 발생이 염려되고 있다.

앞으로 농업 환경 보존에 적합한 지역별 가축 사육 규모의 설정과 경종 농업과 연결되는 이른바 순환 농법을 제시해서 환경을 보전하고 가꾸는 농업을 성취해야만 할 것이다.

다. 건강한 식생활 및 환경오염에 대한 국민 의식 함양

요즈음 언론 매체에 자주 등장하는 '전문 의사들이 권고하는 건강한 식생활 습관'을 깊이 생각해보면 인체 건강과 지구환경의 높은 상관관계를 깨우칠 수도 있다(SNS에서는 '전문 의사들이 권하는 건강 지키는 습관'으로 검색 가능). 전문 의사들이 권하는 건강의 두 기둥은 운동과 식사인데 건강 식단의 요체는 신선한 음식과 균형 잡힌 영양이다. 신선한 음식으로는 우선 재료가 무엇인지 알 수 있는 음식을 권장하고 있으며 원재료를 알기 힘든 인스턴트 음식 등 가공식품은 권장 대상이 아니다. 그리고 균형 잡힌 영양 섭취를 위해 다양한 색깔을 지닌 음식을 고르게 먹을 것을 권장하는데, 이때 다양한 색깔의 대표 재료는 채소와 과일이며, 특히 영양 과잉 섭취가 문제가 되는 요즈음에는 유념해야 할 사안으로 권고하고 있다.

여기에 등장하는 두 가지 권고인 ① 가공식품을 줄이고 ② 채소 · 과일을 늘리는 식생활 습관이 지구환경과 맺어가는 관계를 살피기 위해, 우선 가공식품 제조 과정에서 지구환경에 미치는 영향이 어떠한지 생각해보기로 하자. 식품 가공 과정 중에 인공 에너지가 아닌 인력과 태양 등의 자연에너지를 활용하는 단순 건조나 발효 등으로 자연 풍미를 더하는 곶감, 식혜 등의 발효에 의한 전통 가공은 공해 요인과는 물론 무관하다.

여기서는 본격 제조업 영역에 속하는 공장형 대량 가공업에서 발생하는 공해 요인을 살펴보기로 한다. 공장형 대량 가공 과정에는 음식 원재료의 파쇄 과정, 새로운 음식물 형태를 만드는 형성 과정, 부패 방지제 · 조미료 첨가제 및 인공 색소제의 첨가 과정 등이 포함되는데 이 여러 과정에서는 인력보다는 기계 의존 비율이 높고 기계 의존에는 에너지가 소요된다. 소요 에너지를 만들기 위해서는 석탄 · 가스 등 공해

유발 가스와 함께 온난화 유발 요소가 발생한다. 즉 과도한 식품 가공 과정에는 공기의 오염원인 공해 요소의 발생과 지구온난화 효과를 수반하는 두 종류의 부작용이 발생한다는 결론에 이른다.

보다 심각한 부작용은 가공식품 제조 과정보다는 음식 조리 장소와 소비 장소를 분리시키는 음식 소비 관행, 즉 배달 음식 소비 형태로부터 발생한다. 음식 조리 장소와 소비 장소가 분리돼 소비되는 경우 두 개 장소의 연결이 필요 즉 배달 과정이 개입한다. 이 배달 과정에는 ① 배달 음식의 부피 축소 경향 ② 음식 배달을 위한 동력 사용과 이에 수반하는 에너지 소요 증대 ③ 포장재 소요량의 증대 등의 여러 부작용이 발생하는데 이들이 건강과 지구환경에 어떤 영향을 주는지 살피기로 하자.

우선 음식 배달에서는 운반 편의를 위해 음식물 부피 축소가 불가피해지며 이때 음식물 종류 중 부피가 큰 채소·과일이 축소되는 과정에서 섬유질의 파손과 신선 영양소의 파괴에 따라 특히 영양 과다와 비만의 위험성에 노출된 우리나라 젊은 층에게 미치는 부작용이 염려된다.

배달 음식이 초래하는 더 큰 위험성은 가속화되는 대기오염과 지구온난화 영향에서 발견할 수 있다. 음식 배달에 이용되는 오토바이에서 배출되는 가스 중에는 일산화탄소와 이산화탄소가 포함되는데, 일산화탄소는 최근 저감 기술 개발로 공기 오염 방지에는 성공하고 있다. 그러나 지구온난화를 유발하는 이산화탄소 연구는 그 성과가 미흡해서, 운반 수요에 필요한 화학연료 소비 증대에 따르는 지구온난화 위험이

나날이 높아지고 있다.

　지난 2019년 지구 온도 관측사상 가장 높은 평균온도를 기록했다는 소식과 함께 아르헨티나의 남쪽 남극 지점인 시모어섬의 2020년 2월 9일 온도가 섭씨 20.75도라는 최고 기록을 세웠다는 소식이 최근 들려왔다. 요동치는 지구온난화는 남극 지역 영구 동토층의 눈과 얼음을 모두 녹아버리게 해서 결국은 해수면을 50~60미터 상승시킬 수 있다고 예측되고 있다. 이러한 충격적인 결과가 나오기까지는 수세기가 걸릴 수 있지만 지금 이 순간에도 쉬지 않고 상승하는 해수면이 인류에 치명적 위협이 되고 있음은 분명하다.

　음식 배달 관행에서는, 정상적 가정 내 또는 식당에서의 음식 소비 관행에 비해서 포장재가 과다하게 소요된다는 점도 기억해야 한다. 제7장에서도(158쪽) 이미 지적했듯이 배달 음식의 포장 개수는 많은 경우 음식 한세트에 10개를 초과하기도 하는데, 이 포장재 일부는 재활용되기도 하지만 더 흔하게는 재활용되기 전에 개천과 강을 통해서 바다로 흘러갈 위험이 크다. 바다로 유입되는 포장재들이 지구환경에 미치는 구체적인 위험은 태평양에 새롭게 생겨나는 플라스틱섬과 플라스틱 포장재를 뒤집어쓴 소라게가 상징적으로 표현하고 있을 뿐이다.

　배달 음식의 장점은 소비자의 영양 섭취 과정에서 소요되는 노력과 시간 절감 그리고 이동 거리의 단축인데, 물론 신체 조건상 배달이 필요한 경우도 있겠지만, 대개는 식사 관련 소요 시간 감축을 목적으로 한다.

이때 식사 준비 및 배달에 소요되는 시간을 절약하겠다는 목표 달성이 최고의 경지에 이르면 음식물 부피가 축소를 계속해서 간편한 알약의 모습으로 등장할 수도 있다는 상상에 이르게 된다. 이렇게 된다면 인류 문명과 함께 인간 대화의 가장 친근한 소재가 되기도 하고 인류 문화와 종교적 영성을 기르는 소재가 되기도 했던 형형색색의 식품이라는 객체가 사라지는 날도 올 수 있을 것이다. 물론 원료가 되는 농산물은 존재하겠지만 소비자로서는 그 원료 형체를 볼 수가 없어지고 소비자의 일상과는 거리가 멀어지게 될 가능성이 높다는 의미이다.

이 방향으로의 진행이 불가피한 추세라면 그 시기를 최대한 지연시켜서 일상생활에서 농산물 원형을 가까이하며 인류의 생각과 대화의 소재로 오랫동안 머물게 하는 과제가 중요하게 떠오르게 된다.

채소 · 과일 등의 농산물을 원형대로 섭취하는 것이 국민 건강을 지키는 요체라는 국민 의식이 함양될 때 농업의 공익적 기능의 정착을 위한 국민의 우호적 분위기가 살아날 뿐만 아니라 인류 문화와 종교적 영성을 키우는 길에도 동반이 필요하다는 것도 깨우침에 이를 것이다.

라. 깨끗하고 아름다운 농촌을 가꾸는 농촌 환경운동

농업 · 농촌의 공익적 가치는 소비자인 국민의 농업 · 농촌에 대한 긍정적 인식 위에서 성립하는 것이며, 이를 위해서는 이성적인 변별력도

중요하지만 우선 농업·농촌에 대한 우호적인 감각을 증진시키는 과제
또한 중요하다.

　인간이 생각하고 판단해야 할 대상이 나타날 때, 축적된 과거의 관련
기억이 도움을 준다. 과거 기억이 도움을 주는 형태에는 외현적 또는
명시적(明示的, explicit) 기억과 암묵적(暗默的, implicit) 기억의 두 가지가
있다고 심리학에서는 설명하고 있다. 논리적이며 구체적 형태로 기억
되는 과정을 거쳐 이해될 때 이를 외현적 또는 명시적 기억의 사용이라
하고, 당장 느낄 수 있는 시각적 느낌에 따라서 쉽게 반응하는 과정을
암묵적 기억의 사용이라고 설명하면서, 우리 인간은 일차적으로 암묵
적 사용에 따라서 사물을 기억하는 경향이 있으며 더욱 신중하게 판단
하여야 할 사태가 발생하게 되면 그때 가서야 비로소 외현적 또는 명시
적 사용에 따라 기억력을 발동하게 된다고 밝히고 있다(리처드 게리그·
필립 짐바르도 공저, 박권생 등 공역, 심리학과 삶(Psychology and Life), 제18판,
209쪽, 2009.2.25, (주)피어슨에듀케이션코리아).

　이와 같은 논리에 따르면 현재 국민의 96%에 이르는 우리의 농산물
소비자들이 농업·농촌을 생각하고 기억할 때 대개의 경우 당장의 심
각한 이해관계가 있어서 논리적으로 기억해야 하는 외현적 기억의 대
상이 아닌 일상의 연속에서 쉽게 판단하는 암묵적 기억의 대상이 될 가
능성이 높다. 따라서 농업·농촌으로서는 소비자가 농업·농촌이라는
어휘를 접하게 될 때 우선 머릿속을 스치게 되는 평소의 농업·농촌에
대한 인상이 어떤지가 매우 중요하다.

농업·농촌이 소비자들 머릿속에 암묵적으로 기억되는 모습, 머릿속 영상으로 떠오르는 첫 번째 모습은 농장과 농민들이 일하는 영상적 이미지이다.

깨끗한 농촌의 이미지가, 농산물 진열대에 오른 우리 농산물 모습 속에 소비자를 향한 농민들의 정성이 스며드는 노력의 표현과 어우러지며 함께한다면, 우리 농업·농촌·농민을 향한 소비자들의 긍정적 인식을 증대시키는 효과를 높일 수 있을 것이다(220~221쪽의 '쉬어 가는 페이지' 참조).

농촌의 환경 정화 활동은 물론 농민의 자각과 주도로 전개되는 것이 성공의 핵심 요건이지만 농촌에 거주하는 비농민들의 참여와 적극적 협조 또한 필수적이다. 그리고 정부의 지속적 지원이 있을 때 그 속도와 달성도는 더욱 높아질 수 있다.

우선 폐비닐 등 농산물 폐기물과 각종 생활 폐기물들은 농촌 주민의 힘으로 일정 장소에 수집할 수는 있으나 수집된 폐기물을 처리장으로 수송하고 소각하는 등의 처리는 농촌 주민 부담의 영역을 벗어나기 때문에 정부가 주도해야 할 부문이다.

따라서 농민 단체나 시민 단체 등에 의한 농촌 환경운동은 정부 지원 기능과 연결되어 유기적으로 운용될 때 비로소 완성된다. 그리고 농촌을 지나가거나 방문하는 도시민의 협조가 있어야만 농촌 환경 정화가 완전하게 성취되기 때문에 여행자들에 대한 안내와 지도를 위한 지역 자치단체 등 관련 조직들의 협조를 이끌어내는 중앙정부의 선도 기능

'깨끗한 농촌 만들기' 운동 추진 배경

　정부와 농업 관련 학자들은 농업·농촌이 국토 환경과 전통문화 등을 보전하는 비교역적·다원적 기능에 대하여 열성을 다해 국민에게 설명하고 있다. 이러한 노력에 따라 농업·농촌의 귀중한 역할에 대한 도시민의 이해 정도가 상당 수준에 이른 것으로, 농업계 사람들은 알고 있을 수도 있다. 도시민들은 농업·농촌의 귀중한 역할에 대한 머릿속에서의 이해 수준은 높을지 모르지만 농업·농촌의 다원적 기능 발휘를 위한 응원으로는 연결되지 못한 채 바쁘게 살아가고 있다.

　농촌의 다원적 기능 발휘에 결정적인 영향을 주는 도시민 행동은 바로 슈퍼마켓 진열대에서 농산물을 선택하는 순간이다. 그 순간에 소비자 머릿속에서 우리 농촌을 생각할 수 있는 기회를 제공할 수 있다면 무심하게 행하는 선택이 아니라 미리 마음을 결정해서 우리 농산물을 골라내게 될 것인데, 이를 위한 확실한 현실적인 방법은 '깨끗한 농촌'을 만들어내는 일이다.

　소비자가 수입 농산물과 나란히 진열된 우리 농산물을 비교할 때, 가격 면에서는 우리 농산물이 부담되더라도 우리 농산물이 자라나는 깨끗하고 정돈된 농촌을 연상하면서(이때 농산물 매장에 그 농산물이 자라는 배경 사진이 있다면 더욱 효과적) 우리 농산물에 마음이 끌린다면, 우리 농가 소득 향상과 농업·농촌의 다원적 기능을 발휘하게 하는 응원군을 만나게 된다.

　또한 여행이나 방문을 위해 농촌을 찾는 도시민이 깨끗하고 정돈된 농촌 모습을 접하게 되는 순간, 국토와 환경을 보전하는 농업·농촌의 가치를 머리만이 아닌 온몸으로 느끼게 될 것이다. 이렇게 농업·농촌을 위해 소중한 역할을 하는 '깨끗한 농촌 만들기'는 농촌 주민만의 힘으로는 불가능하다. 잠시 농촌을 찾는 도시민의 협조도 필요하며 정부의 몫도 병행되어야 하지만, 깨끗한 농촌을 만드는 출발점은 직접적 이해 당사자인 농촌 거주자로부터 시작되는 것이 타당할 것이다.

농사와 생활에서 발생하는 쓰레기를 최소화하고 주변을 정리 정돈하는 운동을 농민들이 전개할 때, 농촌을 찾는 도시민도 자신들의 쓰레기를 되가져가고 정리토록 호소하는 명분을 세우고, 정부로 하여금 수집된 쓰레기를 수송 및 처리하는 제도의 마련과 예산 지원을 촉구하게 될 것이다.

농민으로서는 깨끗한 농촌을 이루기 위해 자신들의 할 일을 다한 뒤 혼자 힘으로 불가능한 부문에 대해 도시민과 정부에 협조를 구할 때 비로소 설득력을 얻게 되기 때문이다.

이렇게 온 나라가 참여해야 가능한 '깨끗한 농촌 만들기'를 농민으로부터 출발시키는 계기를 만들어내는 것이 이 운동의 배경이었다. 특히 이 운동은 농사일이 이미 힘에 벅차게 된 고령 농민들도 보람을 갖고 참여 가능하다는 점에서 그 의의를 더할 수 있다.

이내수, 농민신문과 나,
농민신문 50년사, p.620~621, 2018.1, 농민신문사

이 필수적이다.

저자가 2000년대 초반 농민신문사에 근무하며 임식원 모두가 힘써 추진했던 '깨끗한 농촌 만들기'운동이 10년 이상 중단되어오다가 최근에 이르러 농협과의 협조로 '깨끗하고 아름다운 농촌마을 가꾸기 경진대회' 등 여러 형태로 그 의미를 이어가는 것은 농업·농촌의 공익적 가치 증대를 위해서 매우 다행한 일이다. 특히 각종 기부금과 농촌 일손 돕기, 자원봉사 활동 등에 앞장서는 농협의 활동은 타 기관의 자원봉사를 견인하고 정부 지원을 활성화시키는 자극제가 되리라 기대된다.

오늘의 농촌은 잘 정돈되고 깨끗한 환경을 갖춘 지역도 많지만 그렇지 못한 지역도 곳곳에 산재하는 것이 숨길 수 없는 현실이다. 우리 농촌이 환골탈태의 각오로 깨끗하게 정돈되고 맑은 시냇물을 다시 찾은 새로운 모습으로 국민에게 나설 때 우리 국민들의 뜨거운 환영과 함께 그곳에서 생산되는 우리 농산물도 한 단계 높아진 품격을 갖춰 소비자에게 다가서게 되리라 믿는다.

1960년대 서울 시내 한복판의 물길을 복개한 후 거의 50년간 콘크리트 덮개 아래 어둠 속을 흐르던 물줄기를 다시 열어준 청계천 복원과 서울 시민의 열광적 반응은 농촌의 깨끗함이 소비자에 미치는 영향을 다시 한 번 일깨워준다. 콘크리트 도로를 걷어내고 청계천을 복원하던 2005년 10월 서울 시민들의 감격은 아직도 살아 있으며, 계속해서 청계천을 찾는 시민과 관광객에 의해 이어지고 있다(헤럴드경제 칼럼, 경제광장, 농촌에 띄우는 청계천 메시지, 2007.2.1, '부록2' 278~280쪽 참조).

마. 농지 제도의 정비

사실 경자유전의 헌법 정신에 의거한 우리나라의 농지 제도는 농업 기술 보유자의 영농 기회와 농업 규모화를 저해하는 등 생산성 향상과의 관련성에서 다시 논의될 필요성은 있을 수 있다. 그러나 이 책의 주제인 공익형 직불금 정착과 관련해서는 공익적 기능이 농지 소유보다는 실제 경작 행위에 의해서 발현되기 때문에 실제 영농 활동에 도움을 주는 농지 제도가 마련되는 데 초점을 두었다.

농업·농촌의 공익적 가치가 올바르게 정착되려면 이를 농업 현장에서 뒷받침하는 현실적 수단인 직불금이 실제로 공익적 가치를 구현하면서 영농에 종사하는 농민에게 올바르게 지급되어야 하는데 이를 위해서는 우선 농지의 이용 실태가 정확히 파악되어야 한다.

우리나라 헌법 제121조 1항에서는 '국가는 농지에 관한 경자유전(耕者有田)의 원칙이 달성될 수 있도록 노력해야 하며 농지의 소작제도(小作制度)는 금지된다'라고 명확히 규정하고 있지만, 이어지는 2항에서는 '농업 생산성의 제고와 농지의 합리적인 이용을 위하거나 불가피한 사정'으로 발생하는 농지의 임대차와 위탁 경영은 '법률이 정하는 바'에 의해 인정한다고 부언하고 있다.

소작의 의미는 지주와 소작인의 신분적 지위의 차이에 따라 소작인의 불리한 조건에서의 영농을 의미하는 것이고, 농지 임대차 위탁 경영은 당사자가 대등한 권리·의무를 가진 주권자의 지위에서 법률적 보호를 받는다는 차이를 갖는 것으로 해석될 수 있을 것이다. 이때 농지 임대차는 영농의 전 과정을 대상으로 한 농지의 이용 단계를, 그리고 위탁 경영은 농지 소유자와 이용자가 제3자를 통한 토지이용 관계를 산정하거나 농지 이용의 전 과정이 아닌 일정 부문만을 위탁하는 경영 등 완전한 임대차와는 다른 형태의 임대차 관계를 의미하는 것으로 풀이된다.

우리나라 헌법이 규정하는 경자유전의 헌법 정신은 하위 법률에 위임한 예외 허용 조항이 늘어나면서, 그 골격을 지켜내지 못하고 있는 것이 오늘의 현실이다. 해방 이후 1947년 말의 소작 면적은 전국 농지의 60.4%에 달했으나 농지개혁에 대비한 지주들의 인위적인 공작으로 1949년 6월 농지개혁법이 제정·공포 됐을 때의 소작 농지 면적은 32.4%로 현저하게 줄어들었다(김성훈 저, 농은 생명이고 밥이 민주주의다, 139~140쪽, 2018.6.23, 도서출판 따비).

농지개혁 이후 66년이 지난 2015년 현재의 통계청 농업 총조사에 따른 전체 농지 중 농민 소유 농지 비율은 56.2%로 1995년의 67%에서 줄어든 결과이다(농민신문, 2020.3.16). 과거 '농지 임대차 관리법'하의 농지 임대차 관리는 1994년에 '농지법'으로 흡수돼 농지의 임대차와 위탁 경영을 모두 관리하면서 농지 소재지 밖에서 거주하는 농민을 허용하는 통작 거리의 개념과 편법에 의한 농지 소유가 가능하게 되었다. 예를 들면 체험형 주말농장의 허용과 상속에 의한 농지 소유 등의 허점을 이용한 비농민 소유의 길이 열리면서 헌법의 경자유전의 기본 원칙이 흔들리고 있다.

심지어는 법을 제정하는 국회의원들의 경우 전체 국회의원의 3분의 1에 달하는 99명이(배우자 소유 포함) 근 65만 제곱미터에 이르는 농지를 소유한 것으로 밝혀지기도 하였다(한겨레신문, 2019.4.3.). 이들이 농지를 소유하게 된 경위는 매입, 상속, 증여 등 다양하지만 많은 의원들은 경작되지 않는 농지를 편법을 통해 임대차 중이거나 생산성 향상과는 거리가 먼 형태로 방치하고 있음이 지적되고 있다.

농업의 공익적 가치를 실현하는 농정이 펼쳐지기 위해서는 농지법 등 농지의 활용을 규제하는 법만으로는 그 뒷받침이 불가능하다. 정부는 현재의 농지 이용 실태를 정확하게 조사하고 그 기초 위에서 농업·농촌의 공익적 가치를 실현하기 위한 실천 가능하며 현실적인 농지 활용 제도를 새롭게 마련해야 할 것이다.

농업·농촌의 공익적 가치가 도입되기 위해서는 그 기능을 실제로 담당하는 농민에게 보상이 마련되어야 한다. 이때 실제 영농에 종사하는 농민에 대한 보상이 제대로 이루어지기 위해서는 농지 소유자와 실제 영농 종사자와의 명확한 구분을 위해 농지 소유 및 이용 실태가 정확히 파악되어야만 한다.

물론 우리나라는 헌법 정신에 따라 경자유전 원칙이 살아 있다. 그러나 헌법 제정 이후 시간이 흐르면서 상속의 문제가 현실적으로 개입되기도 하고 한편으로는 농지 이용의 생산성 증대를 위한 농지 상한선 문제와 통작 거리를 허용하는 조치 등의 과제가 복합적으로 개입하기에 이르렀다. 여기에 더해 산업 개발에 따른 농지 전용이 활발해지는 등 여러 복합 요인이 농지 문제와 혼합되기 시작하면서 현재의 농지 소유와 이용 실태는 헝클어진 실타래처럼 혼란스럽게 되었다.

이렇게 급속한 경제 발전, 사회정의의 문제, 도시와 농촌의 관계, 가족 문제 등이 복합적으로 연결돼 있는 농지 소유와 이용 실태의 정확한 조사가 현실적으로 얼마나 가능한지는 가늠하기 쉽지 않다. 그러나 진정한 영농 종사자를 정확하게 찾아내고 이들에게 지급된 직불금이 지주에게 돌아가는 임차료 증가가 아니라 경작자에게 혜택이 돌아가도록 배려하는 길은, 우리 사회가 농업·농촌의 공익적 가치를 인정하고 이를 증진시키는 중요한 관문이다.

바. 화훼 산업 진흥을 위한 정부 지원

우리 국민의 대부분이 거주하는 도시 공간은 업무용 빌딩과 아파트 숲으로 변화해가면서 생명이 자라나는 자연과는 더욱 멀어져가고 있다. 이런 때 화훼 산업은 생명력과 함께 아름다움까지 전해주는 귀중한 기회를 제공한다. 그러나 우리나라 화훼 산업은 쇠퇴의 길로 들어서고 있어서 2005년에 1조 원을 넘어섰던 화훼 유통액이 2018년에는 5천억 원 수준으로, 1인당으로 환산하면 2만 원에서 1만 원 수준으로 감소하고 있다.

화훼 산업이 쇠퇴하는 결정적인 이유는 꽃 소비가 국민 생활 속에서 함께하지 못하고 스승의 날, 추석 그리고 경조사용 등으로 특정한 날에만 이루어지는 특이한 현상을 보이고 있기 때문이다. 우리나라는 화훼 유통량 중 절반을 절화가 차지하며 이 중 70%는 결혼식과 장례식의 경조사용으로만 집중 사용되는 특징을 보이고 있다. 이 경조사용 화환의 모습을 보면 초록색의 나뭇잎 모양과 꽃 모양의 일부가 플라스틱의 인조 제품으로 구성되고 있어서 생명과 연결되는 결혼식과 장례식의 의미를 손상시키는 것임을 생각해야 한다. 또한 화환의 크기가 다른 나라에서는 볼 수 없는 위압적인 크기로 국민의 허례허식 심리를 키우는 부작용마저 우려되고 있다.

이렇게 생명이 없는 인조 플라스틱이 혼입된 과대 크기의 현행 경조사용 화환 관행은 재활용되는 폐습의 방지를 포함해 건전한 국민 생활을 위해서 개선되어야만 한다. 타인의 장례식에 활용된 화환이 다른 망자의 장례식에서 다시 활용되는 상황을 상상하면 얼마나 황당한 일인가?

새로운 모양의 화환 틀(받침대)을 고안해서 결혼식장에 설치해놓으면 하객들이 보내오는 생명력을 갖춘 꽃들로만 구성된 꽃다발 모양의 화환들이 그 받침대에 올라 결혼식을 빛나게 할 수 있다. 그리고 결혼식이 끝난 후에는 꽃다발을 해체해서 하객들이 몇 송이씩 나누어 가지고 간다면 결혼식 축하의 의미를 집에까지 가져갈 수 있고 꽃의 일상생활화에도 도움이 될 것이다. 그리고 결혼식장에 고정 비치하는 고정 받침대를 고안하고 제작하며 결혼식장에 비치하는 경우 인센티브를 제공하

는 역할을 정부와 지방자치단체가 협조해서 수행한다면 그 효과와 속
도를 높일 수 있을 것이다(헤럴드경제 칼럼, 경제광장, 터지는 꽃망울 국민 곁
으로, 2007.3.15, '부록2' 281~283쪽 참조).

꽃은 사치품이 아니라 생활의 여유를 가져오고 행복을 불러오는 일
상 속에 함께하는 동반자라는 국민 인식이 정착될 때 국토를 아름답게
꾸미며 국민정서를 키우는 공익적 기능에도 기여하게 될 것이다.

사. 한국 농협의 위치와 농민 · 소비자 연결을 위한 역할

협동조합은 조합원들이 자신들의 자조적 노력을 키우는 조직이다.
물론 우리나라 농협도 큰 틀에서는 자조 노력의 기초가 되는 자율을 따
르지만 실제 운용에서는 법적인 제도나 행정 지원 및 규제 등에 의해서
지대한 영향을 받는 독특한 위치에 있다. 근년 들어서는 경영에서 나름
대로의 활성화를 위해 2007년 'NH'라는 상호를 삽입하는 등 보수적 조
직의 이미지를 벗고 업무 신장과 경쟁력 강화에 큰 성과를 거두었다.
이어 2012년에는 경제 사업과 신용 사업을 독립 법인으로 분리하는 큰
변화를 맞이하면서 사업 실적이 성장하는 등 결실을 거두고 있다.

우리나라 농협의 특성
농축협과 중앙회를 아우르는 전체 농협 조직은 농산물 판매와 농용

자재 구매에서 은행, 보험 등에 이르는 광범위한 사업 분야마다 강력한 경쟁자가 존재하며, 이들과의 치열한 경쟁에서 낙오할 경우 존립 자체와 고유의 설립 목적 달성이 불가능해진다. 이런 점에서 농민 조합원에 대한 기여를 보장하기 위한 NH 브랜드 도입이나 경제 사업과 신용 업무의 분리는 불가피했을는지 모른다. 하지만 경영 일변도에 치중하다 보면 고유의 특성과 목적을 상실하지 않을지에 대해 임직원들이 끊임없이 성찰해야 하는 특수한 성격을 가졌음을 잊어서는 안 된다. 자기가 속한 조직의 고유한 특성을 잊고 맡은 일에만 열성을 다하다 보면 조직의 특수성 때문에 지녀야 하는 지향점을 상실하는 것은 인간에게 흔히 발견되는 약점이기도 하다(농민신문 칼럼, 생태계에서 배우는 농협의 생존, 2018.8.19, '부록2' 284~286쪽).

 농협 임직원들이 조직 본연의 임무를 잊지 않기 위해 노력하고 있겠지만, 2020년 이후 농업의 공익형 직불제가 농정의 중요 과제로 등장하는 농업의 현장에서 농협이 어떤 역할을 해야 할지와 관련해서도 곰곰이 생각할 필요가 있다. 우리나라 농협은 일반 경영체와는 다른, 그리고 일반 협동조합과도 다른 특수한 여건에 있음을 일에 열중하다 보면 가끔 잊어버릴 수가 있다. 특히 새 브랜드 도입이나 경제 사업과 신용 사업의 분리 그 자체가 경영 일변도에 치중하는 경영으로 이해될 수도 있고 당장은 아니라도 시간이 흐르면서 경영 일변도에 치중해가는 결과로 이어질 우려도 있다. 여기서 경영 일변도에 치중한다는 것은 농협이 하나의 경영체로만의 단기적 영리 추구에 역량을 집중함을 의미한다.

만약 농협이 철저한 의미에서 조합원의 자율적 조직이라면 단기적 영리 추구에 집중하더라도 그 길에 들어서는 조합원의 자율적 선택을 존중해야 한다. 그러나 이제 공익형 직불제가 우리나라에 도입되는 과정에서 농촌 현장의 농협으로서는 그 특성에 비추어 어떤 입장을 지녀야 할지에 대해서도 생각해봐야 할 것이다. 2020년에 도입되는 공익형 직불제에서 그 신청자격을, 즉 농업 종사자 여부의 판정 기능을 정부 조직인 농산물품질관리원이 행사하고 있는데 실제 현장에서 농협으로서는 이 기능에 어떤 도움을 주며 어떤 입장에 있는지는 분명치 않다. 다만 농협으로서는 그 독특한 특성을 고려한다면 이 공익형 직불제에 대해 보다 적극적인 자세를 갖고 이에 대한 보다 깊은 관심은 물론 그 성공을 위해서도 노력해나가야 할 것이다.

우리나라 농협은, 일제강점기에 설립된 후 농촌 금융기관으로 활동하던 금융조합자산을 인수해서 1956년 설립돼 운영되던 당시 국책은행이었던 농업은행의 자산을 바탕으로, 1961년 신용사업이 없었던 옛날 농협과의 합병으로 군사 혁명 정부에 의해 새로운 모습으로 출발했다. 다시 말하면 오늘의 농협 자산은 그간 조합원의 출자나 임직원의 노력에 대한 결과이기도 하지만 일본 강제 점령기 농촌에서 형성된 자산을 기본 자산으로 물려받은 바탕에서 출발하였을 뿐만 아니라, 아직까지도 조세감면 조치 등 정부의 배려 하에서 농정수행의 창구 역할을 상당 부분 담당하는 특수성을 지니고 있다. 농협임직원들은 이러한 농협이 갖는 공공적 특성을 명심하면서 농정의 핵심과제로 등장한 공익형 직불제에 대한 보다 깊은 관심을 갖고 이해도를 높이며 또한 적극적인 자세를 가져야만 한다. 농협임직원들은 농협의 공공적 특성의 연장에서 농업의 공익형 직불제의 도입과 성공적 정착을 위해서 정책 담당자와는 물론 농협 조합원들과의 격의 없는 의견교환 즉, 막힘 없는 소통을 통해서 그 성공적 정착의 필요성에 대해 깊은 이해에 도달해야 한다. 가장 효과적인 소통의 수단을 구사하기 위해서는 조합원들이나 정책 당국자들에 농협이 처한 여건들을 숨기지 않고 드러내야 하며, 숨기지 않고 드러내기 위해서는 조직의 모든 역량을 다하는 충분한 관련 조사 연구가 뒷받침되어야 한다. 공익형 직불제뿐만 아니라 농협의 모든 업무에 대해서는 냉철한 현실 인식과 객관적인 인과관계의 철저한 분석 그리고 대화와 토론을 통한 설득과 조정이 필요하다. 그리고 이런 방향으로 나아가기 위한 기본여건을 만들기 위해서는 농협 전체에 투명한 경영을 이루는 길에 들어서야 한다. 농민과 소비자 그리고 정부 관계자 등 다양한 경제 주체들의 이해상충 관계가 복잡하게 얽혀 있는 특수한 조직인 농협으로서는, 종적 또는 횡적으로 소통과 공감의 영역을 확대해나가는 투명한 경영이야말로 최선의 길이라는 것을 모든 임직원들이 깊이 인식해야 한다.

공익형 직불제 도입과 농협임직원의 자세

2020년부터 도입된 농업의 공익형 직불제는, 농업 생산이 끝난 사후 단계에서 형성되는 농산물 가격 수준에만 의거해서 농업 소득을 보전하던 과거의 가격 보전형 직불제와도 다른 성격의 제도이다. 이 새로운 제도는 농가의 영농 준비 단계부터 시작해서 생산과정를 거치고 수확 단계 이후도 모두 포함하는 전체 영농 활동과 관련을 갖는다. 따라서 이 공익형 직불제에 주도적으로 참여하는 조직이 앞으로 우리나라 농촌의 경제 영역에서 주도적 기능을 담당하는 조직으로 자리 잡게 될 것이다. 만일 농협 임직원들이 공익형 직불제 실천 과정에서 맞이하는 역할에 대해 소극적으로 움츠러들 때 그리고 정부 조직이 아닌 다른 농민 조직체가 경작자 여부의 판단 기능을 수행하게 될 때, 농협의 운명은 쇠퇴의 길로 들어서게 될 위험에 처하게 된다.

영농자재 공급, 농산물 판매 그리고 영농 자금 지원을 수행하는 농협을 제쳐두고 다른 농업 단체가 실제 영농 종사자 인지 여부를 판정하게 된다면 농촌 현장에서의 농협 기능은 얼마나 당혹스럽게 될 것인가?

농가소득이 원천별 소득파악이나 공익직불금 수령을 위한 여러조건과 준수사항의 충족여부를 판단하며 부정수급 방지 등의 기능을 어떤 조직이 어떻게 분담하고 협력함이 현실적으로 가장 효율적인지에 대해서는 정부와 관련조직 그리고 농민사이에 마음의 문을 연 진솔한 논의가 필요하다. 이런 논의야 말로 한국농업직불제의 성공적 정착을 위한 필수 불가결의 소통과 공감과정이다.

농협이 공익형 직불제에서 적극적으로 또 주도적으로 참여하려 할때 첫걸음은 조합원들의 영농활동에 대한 깊은 관심으로부터 출발한다.

우선 조합원들의 생산품목으로부터 출발한 관심이 구체적으로 자라나다 보면 생산물의 성장 상태를 거쳐서 농민의 생활이 어떠한지, 즉 만족스러운지 고통스러운지 만일 불만이나 고통이 있다면 무엇 때문이고 얼마나 심각하며 이 조합원들의 만족이나 고통에 대해 임직원들은 얼마나 자기 일처럼 생각하는지에까지 도달할 수 있다. 조합원들에 대한 관심과 배려를 키워가다 보면 눈빛만으로도 마음의 교환이 가능해지는 이심전심(以心傳心)의 단계에 이르게 될 수도 있다.

협동조합도 기업체의 한 형태이기는 하나 냉철한 이익 계산 관계에 기초하는 주식회사와는 다르게 조합원들의 생산과 소비생활을 거쳐 더 깊게는 인격적 관계에 도달하기도 하는 특수한 바탕을 갖기 때문에, 자기 기업이 속한 사회와 환경에 대해서도 더 깊게 배려하는 바탕을 가지게 되며, 이러한 성향에 매진하게 되면 조직의 최고 의사결정 과정도 투명성을 높여나가는 성향을 지니게 된다. 이렇게 될 때 ESG(Environment, Social and Governance) 경영 시대를 맞아 농협은 어느 조직보다도 유리한 입지를 보유하게 된다. 농협 임직원들이 자기 조합원들에 대한 깊은 배려심을 키우는 자세를 평소에 갖추고 있을 때, 자기 조직체 밖의 넓은 사회와의 관련성을 지향하는 조직체가 유리해지는 ESG 시대에 이르러 다른 유형의 조직에 비해 우위적 위치에 오르게 된다는 의미이다.

오늘의 우리나라 농협이 지닌 특성에 부합하는 임직원이 되기 위해서 최선을 다하도록 서로 격려하다 보면 임직원 간 공동체 의식이 높아지고, 자신의 이기심에만 매몰된 개인이 아니라 타인의 존재에 대한 인식과 주변 사람들에 대한 배려심도 자라나면서 밈(meme)의 세계에까지 도달하는 인격을 형성할 수 있게 된다(이 책 135~136쪽 참조. 밈(meme)이 대중예술계에서 단순히 연예인이나 타인을 모방하는 행위라고 잘못 인용되는 경우도 있으나 리처드 도킨스가 도입한 개념인 밈은 타인에 대한 배려심을 키우는 인자를 의미하는 것으로 이해된다). 물론 개인의 삶에서 이기심의 충족도 중요하다. 하지만 이기심과 함께 타인에 대한 관심과 배려의 가치를 깨우치는 진정한 의미의 밈의 단계에 이르게 되면 자신의 인격체로의 사고 범위가 확장되고, 나아가서는 삶의 의미도 풍성해지는 긍정적 인생 진로 설정이 가능해질 것이다.

이제 우리 농정의 최대 과제의 하나로 떠오르는 농업의 공익형 직불제의 기본 의미를 되돌아보자. 공익형 직불제의 성공적 정착은 소비자를 향한 농민 의식 방향의 확립, 다시 말해 농업이란 농민의 이익만이 아닌 타인, 즉 소비자의 존재를 인식하고 배려하며 이를 행동으로 연결할 때 비로소 생겨나는 것임을 다시 한 번 상기하자. 농민의 이러한 자세 확립 없이는 소비자가 우리 농업에 대한 관심을 가지며 국내 농업의 공익적 가치를 인식할 바탕이 생겨날 수 없을 터인데, 그 기초를 만드는 노력은 결국 조합원인 농민의 몫이다. 그리고 이러한 조합원이 되도록 도와주는 길에 나서기 위한 농협 임직원의 자세 확립은, 본인에게는 힘들겠지만 자기 자신을 위해서도 또한 우리 농업을 위해서도 보람 있는 길이다.

농협 기능 중 농산물 유통 사업의 위치

농업의 공익적 기능과 관련되는 농민의 역할이 가장 구체적으로 표현되는 과정은 농업 생산과정이지만, 농업 생산을 마치고 농산물이라는 결과로 결실을 맺게 된 이후 소비자와 연결되기 위해서는 유통 과정이 필요하며 이때 생산과 유통은 불가분의 연속성을 지닌 일관적 과정이다. 농산물 생산과정에서 농민을 지도하는 기능은 지방자치단체에 소속된 농업기술센터가 주로 수행하기 때문에, 우리 농협 임직원들이 '유통에 성공하는 농협'을 달성하려면 지역 농업기술센터와의 긴밀한 연결이 필수적이다.

농협의 농산물 유통 활동은 농민이나 지자체의 기술 담당 요원을 포함하는 수많은 타인과의 접촉으로 이어지는 연결 과정의 연속이다. 이때 농협 유통 요원의 가장 큰 덕목은 타인과 조화하고 협조하는 자세를 갖추는 것이며, 그러할 때 농협의 유통 사업이 성공할 수 있다.

이와 관련해서 중앙회 단계에서 농협 조직이 경제와 신용 사업으로 분리된 이후에도, 농협 조합원의 영농 단계에서 경제와 신용 사업의 관계처럼 하나의 유기체로 긴밀하게 연결되는지는 늘 점검해야 할 대상이다. 조직과 종사원의 전문성을 키우기 위해 경제와 신용 사업으로 분리한 결과가 세월이 지나면서 양 조직 간 이질감이 확대되거나 그 부작용은 없는지 경계해야 한다.

농협 임직원의 기본자세가 자기만, 그리고 자기 조직만을 위한 이기심으로 가득할 때 업무에 관련된 타 조직 종사원은 물론 농민과의 관계가 순조로울 수 없다. 농민과의 접촉이 가장 긴밀하고 빈번해야 하는 농촌 현장에서 농협 유통 업무를 맡는 관련 임직원이 과도한 이기심에 매몰될 때, 농민이 소비자와 주변 사람들에 대한 인식과 배려를 높여나가며 공익형 직불제를 정착시켜나가는 데 도움을 줄 수 없게 될 것이다. 임직원들이 자신의 이해와 안위 못지않게 조합원을 향한 배려심을 지니고 있고 조합원들이 이를 마음으로 느낄 때, 이에 비례해서 농민으로서도 이웃과 소비자를 배려하는 마음의 여유가 자라나며 농업 생산자와 소비자 간 연결 강화를 통해 실현되는 공익형 직불제 정착을 향한 길도 열리게 된다.

농협의 유통 업무는 농산물 판매 실적만으로는 나타낼 수 없는 수많은 요소들의 뒷받침으로 성취되는 결과물이다. 유통 환경의 변화뿐만 아니라 다른 특성을 가진 여러 부류의 사람들과 접촉하는 섬세한 정신적 노력, 광범위한 지식과 업무를 포괄할 뿐만 아니라 때로는 힘든 육체적 부담까지도 수반하는 어려운 과업을 수행하는 특수한 여건에 놓여 있다. 따라서 이들 유통 업무 담당자들이 당면하게 되는 어려움에 대한 최고 경영층의 각별한 관심과 이해가 필요한 업무 분야이다. 특히 농민의 입장에서 가장 민감하게 살펴야 할 최근의 유통 환경 변화는 소비지 유통에서 그 비중이 빠르게 성장하는 대형 구매처의 추세이다. 이들 식자재 기업, 식품 가공업체 그리고 체인망을 갖춘 외식 업체와 초대형 소매체인망 구매처의 수요에 부응하는 적응력, 특히 생산 현장에서의 농민 대응력 구비의 뒷받침을 위한 구체적 대책 마련이 필요함을 기억해야만 한다.

　농협 전체가 농산물 소비지 유통 환경 변화에 적응하는 현실적이고 세밀한 계획을 마련하고 또한 산지 유통에서의 열정을 다하는 현장 직원들의 노력이 뒷받침되어 조화를 이룰 때 농산물 유통의 개선은 이룩될 수 있다. 이렇게 전체 농협의 농산물 유통시장에서의 입지를 높이며 이를 뒷받침하는 농업 생산 현장에서 필요한 농민의 자세 확립에도 기여할 수 있다면, 농민과 농산물을 바라보는 소비자의 인식 변화와 함께 공익형 직불제가 제대로 정착되는 길도 열리게 될 것이다. 만일 농협 유통업무가 우리 농산물 유통에서 만족할 만한 수준에 도달하지 못하게 되고 또한 공익형 직불제에서도 농협의 기능이 제대로 발휘되지 못하게 될 때, 우리 농업정책에서 차지하는 우리 농협의 공공적 위치가 계속 탄탄하리라는 보장은 힘들게 될 것이다.

　농업의 공익적 기능이 정착되는 과정을 향한 길은 손쉬운 지름길은 결코 없다는 것을 다시 한 번 상기할 필요가 있다. 이 어려운 길에서 농협 임직원들이 기여할 여지가 있다면 그 길은 농업 생산과 유통 현장을 통해서 완성되는 것이며 그 길이 열릴 때 농산물 유통에서 농협의 위치가 강화되고 우리 농업의 장래와 함께 우리나라 농협의 앞날도 탄탄한 기초 위에 서게 될 것이다.

소통과 공감

농업의 공익형 직불제 정착과 팬데믹 극복의 길

연결과 소통을 위한
농민의 노력이
팬데믹 극복과
사회에 미치는 영향

가. 사회 갈등 해소의 출발을 여는 농업 · 농촌
나. 농업 · 농촌의 문화적 가치와 한류

제 10 장
연결과 소통을 위한 농민의 노력이
팬데믹 극복과 사회에 미치는 영향

가. 사회 갈등 해소의 출발을 여는 농업 · 농촌

우리보다 앞서 선진국에 들어선 여러 나라들에 비해 우리 사회의 집단 간 갈등은 매우 심각하다. 특히 우리는 세계에서 유례없는 단기간 내의 압축된 경제성장 과정을 거쳐왔을 뿐만 아니라, 사회전반이 전근대에서 근대시대로의 이행이나 독재정치에서 민주화로의 이행을 한 세대 만에 이루어내는 경제와 정치 등에서 매우 빠른 변화를 경험한 독특한 나라이다.

이렇게 시간에 쫓기는 촉박함 속에서 시대 변화에 적응하는 적절한 준비도 필연적으로 동반하는 갈등에 대한 관리 훈련도 부족했다. 압축 성장 과정으로 물질적 성장은 빨랐으나, 준법, 배려, 질서 의식 등 정

241

신적 성숙도는 이에 미치지 못한 것이 사실이다. 그 결과 개인의 여과되지 않은 이기심이 과도하게 표출되며 충돌하는 등 여러 부작용이 중복되면서 오늘의 심각한 사회 갈등을 경험하고 있다. 우리나라의 갈등은 곳곳에 만연할 뿐만 아니라 일단 발생한 갈등은 원만하고 신속하게 해결되지 못한 채 오랜 기간 지속되는 특징을 보이고 있다. 2013년 이후 한국사회갈등해소센터에서 조사한 결과에 따르면 매년 응답자의 90% 이상이 우리 사회의 집단 간 갈등이 심각하다고 응답하고 있다(한국사회갈등해소센터 조사, 2018).

다른 나라와의 실증적 · 객관적 비교가 가능한 노사 간의 갈등이 얼마나 심각한지를 보면 사회 다른 분야에서의 갈등과 어려움도 미루어 짐작하게 한다. 전국경제인연합회 산하 한국경제연구원이 2019년 12월 16일 2007~2017년 10년간의 한국, 미국, 일본, 영국의 노사관계 지표를 발표했다.

그 분석 결과 우리나라의 10년간 임금노동자 1천 명당 평균 노동 손실 일수는 42.33일로 일본의 0.25일, 영국의 23.36일, 미국의 6.04일에 비해 현저히 높았는데, 특히 일본에 비해서는 170배나 노동 손실 일수가 많은 것으로 나타났다. 우리나라의 2017년 노조 가입률은 10.7%로 일본의 17.1%에 비해 낮음에도 불구하고 노동 손실 일수가 높은 이유는 대기업 소속의 대규모 노조가 장기 파업을 반복하기 때문인 것으로 분석하고 있다.

객관적으로 국가 간 비교가 가능한 갈등지수뿐만 아니라 지수로 표현되지 못하는 가정이나 직장 내 갈등의 크기 또한 매우 높은 것으로 추정된다. 극심해지는 갈등 현상의 결과로 표출되는 극단적 선택인 자살률의 비교에서도 우리나라가 매우 높게 나타나고 있다. 통계청이 발표한 '2020 사망 원인 통계'에 따르면 연간 자살 사망자는 1만 3,195명으로 하루 평균 36.1명에 이르고 있다. 특히 국가별 연령 구조 영향을 제거하고 표준 인구 10만 명당 자살 수를 집계한 연령 표준화 자살률에서 우리나라는 23.5명으로 OECD 회원국 36개국의 평균 자살률 10.9명의 2배가 넘는 불명예를 지고 있다. 특히 10대에서 30대의 젊은 세대 자살률이 압도적으로 높아 그들이 얼마나 고통스러운지, 그리고 그들이 안고 있는 갈등을 소통으로 풀어가는 과제가 얼마나 심각한지를 말해주고 있다.

　민주주의 사회에서 갈등은 당연히 존재할 수밖에 없지만 관리되지 못하는 과도한 사회 갈등은 사회 통합을 저해하면서 막대한 비용을 초래한다. 사회 갈등 비용에 대한 사회적 관심을 환기하기 위해 한국행정연구원이 소개하는 '사회갈등지수'는 세계 여러 나라가 공통적으로 활용하고 있는 지표로 다음과 같이 측정된다.

사회갈등지수 = 잠재적 갈등 요인 / 갈등 관리 제도

　위 공식에서 나타나고 있는 바와 같이 사회갈등지수는 잠재적 갈등 요인의 크기에 따라 높아지는 한편, 이를 관리하는 제도의 효율성 크기에 따라 감소되는 효과를 갖는다. 이 공식에 따르면 잠재적 갈등 요인 수준이 동일한 경우 갈등 관리 역량 수준이 높을수록 사회갈등지수는 낮아진다.

위의 공식에 따라 계산된 우리나라 사회갈등지수는 1.025로 나타났는데 이 결과(2015년 기준)는 OECD 회원 37개 나라(가입 신청 중인 러시아 포함) 중 34위로 거의 바닥 수준에 머물고 있으며, 2005년의 32위에서 오히려 악화되고 있다. 참고로 북유럽 나라들의 사회갈등지수는 0.1~0.3에 머물러 가장 높은 순위에 오르고 있으며 가장 악화된 사회 갈등 국가인 러시아, 터키, 남아공 및 멕시코에 해당하는 1.4~2.4의 지수에 근접하는 부끄러운 모습을 보이고 있다.

한국행정연구원의 같은 보고서는 만일 우리나라의 2015년 갈등지수(1.02)가 스웨덴 수준(0.21)으로 감소할 경우 한국 1인당 GDP는 34,178달러에서 13% 증가한 38,635달러로 상승할 것으로 추정하고 있다. 물론 사회 갈등 감소가 가져오는 경제적 부의 증대 효과도 중요하겠지만 갈등이 해소되고 상호 신뢰가 축적되는 사회의 실현은 경제적 수치로 표현할 수 없는 그 이상의 가치를 우리에게 안겨줄 것이다.

사회 갈등을 감소시키는 노력은 행정, 입법, 사법 등 정부 전체가 나서야 하겠지만 비정부 기구인 시민 단체도 참여해야 하는 영역이다. 특히 정부보다는 민간에서 자조와 자율의 기초 위에서 출발함이 바람직하다.

이웃과 협조해서 상호 간에 소통해야만 만들어내고 또한 후대에 전할 수 있는 결과물인 '문화'를 창조해낸 유일한 생물체가 인간이다. 문화는 소통을 기반으로 조성된다. 인류의 여러 직업 중 인류 본래의 유전자인 소통 인자(因子)를 원형대로 보유할 가능성이 큰, 인류 태초 환경에 가장 근접해 있는 직업이 농업이라는 점을 기억한다면, 인류의 연결과 소통을 이어가며 갈등을 해소하는 노력의 출발을 농민으로부터 기대할 수 있다. 그리고 그 가능성도 실제 클 수 있음이 앞의 제7장에서 밝혀지고 있다.

보수와 진보라는 정치적 이념의 대결이 심화되어 정치와 경제가 파국에 이르게 되면 결국은 나라가 위기로 빠려든다. 기업체를 중심으로 노사 간의 갈등이 극한으로 치닫게 되면 그 기업체는 파멸 위기에 이르게 되고 그런 위기가 나라 안에 중첩되면 한 나라의 경제 또한 파국을 맞게 된다. 이와 같이 상반된 이해관계로 양분되는 두 개 집단 간의 관계는 시야를 좁혀보면 '대립의 관계'이지만 시야를 넓혀보면 그 대립은 우리 인류가 '공동 운명체일 수밖에 없는 관계'를 전제로 하기 때문에 발생한다는 양면성을 가진다.

농민과 도시민(소비자)의 갈등은 정치 이념이나 노사 간 갈등처럼 단기간에 가시적이고 폭발적 현상으로 부각되지는 않는다. 그러나 장기적으로 소리없이 심화되는 도농 간 격차는 위험 수위를 넘어서고 있다. 즉, 소득과 부, 정보와 자녀교육 및 학업성취도, 의료 및 생활환경 등 다양한 측면의 도농 간 격차는 농촌 공동체의 소멸 위기로 이어지고 있으며, 이는 결국 사회 전체의 건강한 발전과 지속가능성을 심각하게 위협한다는 경고음을 내고 있다. 농업의 공익형 직불제가 농정 최대 과제로 부각되기에 이른 것은 바로 전체의 사회 지속가능성을 위협하는 수준에 도달했음을 반증하는 것이다. 농업·농촌 문제 발생의 기본 원인이 도시민의 농업·농촌에 대한 이해 부족, 즉 농민·도시민 간의 연결과 소통 미흡에서 발생하는 것이라면 결국 이 양자 사이의 소통 과제도 우리 사회가 해결해야 할 최우선 문제점인 갈등 해소의 과제와 맥을 같이 하는 것이다.

특히 2020년 1월은 농업계로서는 농업의 공익적 직불제 도입을 앞두고 한창 바쁠 시기에 코로나19가 등장했고 마침내는 팬데믹으로까지 진전되기에 이르렀다. 물론 두 개의 별개 사건이 같은 시기에 진행된 것은 우연의 시기적 일치일 뿐이다. 그러나 두 개 문제의 해결을 향한 접근에 나서면서 도달한 결론이 놀랍도록 일치함을 발견할 수 있었다. 두 개의 독립된 사건의 해결을 위한 길에서 찾아지는 해법이 동일하다는 점에서 다음의 추론이 가능하다. 이해입지가 상이한 양자 간의 관계를 이어가는 실마리를 논리적인 추구의 바탕 위에서 구하지 않고 인류 생존을 위한 기본 욕구를 풀어가는 먹을거리로부터 찾아보는 노력이 팬데믹의 극복에도 유익한 참고가 될 수 있다는 결론에 도달할 수 있었다.

어려운 과제 해결을 위해 곧바로 핵심 과제로 접근하는 길(제6장 '바창 참조)과 병행해서 잠시 긴장을 풀고, 우리 일상 주변의 먹거리 재료와 그 원료를 제공하는 분야인 농업, 즉 일상과 가장 친근한 곳에서 해결

(제7장 '다'와 '라'항 참조)을 찾아보는 노력도 시도했다. 그 결과 우리 삶의 친근하고 가까운 곳으로부터 어려운 과제로 나아가는 단초를 마련하는 길 찾기도 역시 시도할 만한 가치가 있음을 발견할 수 있었다.

물론 사회 구성원 간에 상호 이해의 폭을 넓혀나가는 과제를 풀어가는 길은 어느 곳에서도 필요한 덕목이며 모든 직업군이 함께 찾아 나서는 공동의 과제가 되어야겠지만, 지금 강조하는 것은 출발점의 가능성이 농촌과 농민에게서 높다는 점과 다른 직업군에 미치는 영향이 클 수 있다는 점을 부각시키고자 한 것이다. 오늘의 사회 갈등이 가장 심각한 진원지는 이념, 노사, 빈부 격차 등이기는 하지만, 사회 갈등을 풀어가는 시발점을 이 어려운 곳에서 찾기보다는 쉬운 곳에서 우선 찾아내서 기초가 되는 기세를 확보한 후 그 분위기를 사회 전체로 확산시킬 때 실현 가능성이 높다는 의미이다.

농업은 인류의 수많은 직업 중에서 가장 오래된 것이고 가장 자연과 근접해 있는 직업이다. 즉, 농업은 인간이라는 생명체가 동식물이라는 생명체를 가꾸고 길러, 농·축산물이라는 생명체를 생산하는 직업이며, 그 산출물은 다시 인류 생명유지와 번식의 근본인 영양을 공급한다. 농민과 농업은 따라서 그 자체로 자연 생태계의 일부이며, 생태계를 보살피는 정원사이기도 하다. 결국 농업·농촌·농민의 가치와 그 공익적 기능은 도시와 농촌, 농민과 도시민, 생산자와 소비자 구분 없이 모든 국민의 일상과 함께함을 잊지 말아야 한다.

나. 농업 · 농촌의 문화적 가치와 한류

유럽을 중심으로 경제와 문화를 함께 발전시켜나간 나라를 보면 농촌이 지닌 문화적 · 역사적 · 지리적 유산을 보존하고 개발하며 이를 국민에게 제공하면서, 휴양지로의 역할은 물론 국민의 인성도 키우는 다양한 기능을 수행하고 있음을 보게 된다. 우리나라의 경우도 강국의 틈새에서 지켜온 고유한 문화를 현대적 산업과 연결시킬 때 국력과 조화를 이루는 대중문화로 피어나 한류로 성장시키는 잠재력을 보유할 수 있다. 우리도 미처 깨닫지 못했던 잠재력이 한류의 물결을 타고 전 세계로 뻗어나가는 것을 보며 국민들은 놀라며 기뻐하고 있다.

최근 한류의 시작은 TV 드라마로 시작해서 BTS 등 K-pop 대중음악으로 피어나서 2020년 벽두에는 아카데미상을 석권하기에 이르렀으며 2021년에 이르러는 '기생충'에 이어 '오징어게임'에까지 이어지고 있다. 대중문화뿐만 아니라 김치를 중심으로 한 고추장, 비빔밥의 음식 문화는 물론 화장품이나 가전제품 등의 공산품과 의류의 패션까지 그 영역을 넓히며 수출 증대와 산업 진흥에까지 연결되면서 그 영향의 범위를 지속적으로 넓힐 것으로 기대되고 있다(이 책의 '부록2', 농민신문 칼럼, 한류 열풍과 농촌의 가치, 2012. 1. 30).

한류에서 힘을 얻게 된 역동적인 힘은 상품과 문화의 수출을 통한 산업 진흥만이 아니라 우리 민족의 자긍심을 높이며 더 큰 발전을 위한 원동력이 될 수도 있다. 물론 한류의 힘은 예술적 재능이 뛰어난 영화

감독, 배우, 가수들과 패션디자이너 등의 노력과 이를 제품으로 만들어 내는 산업 영역이 앞장서서 이끌어가는 것이다. 그러나 눈에 보이는 한류가 출발하고 발전할 수 있는 근원적 원동력의 하나는 다른 나라와는 다른 우리 고유의 문화가 있기 때문일 것이다. 그리고 우리의 고유한 문화를 보전하고 키워온 핵심 지역의 하나는 바로 농촌이고 그 주체는 우리 농민이다.

사실 오늘날 우리의 도시 모습은 다른 나라, 특히 서구의 도시 모습과 크게 다를 것이 없으며, 농촌과 농민을 만날 때 비로소 다른 나라와는 확연하게 구분되는 특이점이 발견될 수 있다. 1960년대 펄 벅의 한국 방문기에 등장한 '농부와 소달구지'(163쪽의 '쉬어가는 페이지' 참조), 그리고 과거 산업화 이전에 우리나라를 방문했던 외국인들은 우리 농촌이 가진 고유한 문화적 특징에 감탄했던 다수의 기록물을 보유한다. 그리고 그 독특한 모습을, 그대로는 아닐지라도 그 기본 전통의 흔적과 정신을 지금까지 보전하는 지역은 농촌이며 사람은 농민이다.

우리의 자긍심을 키우고 세계로 뻗어가는 한류에 뿌리 기능의 잠재력을 가진 우리 농촌과 농민이 우리 사회의 갈등을 해소하는 실마리를 제공하는 출발점이 되고, 나아가서는 팬데믹으로까지 진전된 코로나19를 극복하는 데도 기여할 수 있다면 우연한 일은 아닐 것이다. 그러한 기본적 힘은 인류생명의 지속과 후손번식에서 결정적 역할을 수행하는 농업의 힘에서 발원하는 것이라 할 수 있다.

국민 모두가 함께 완성해가는 농업 · 농촌의 공익적 기능과 팬데믹 극복

인간 욕구의 자극과 그 충족을 위한 노력과 성과에 기초하는 자유민주주의 체제하에서 개인 간 소득의 양극화는 불가피한 부작용이며, 이를 둘러싼 관점의 차이에 따라 정치 이념의 양분화도 함께 진행되고 있다. 이러한 사회 분위기가 조성되는 가운데 이해 충돌자 내지는 이해관계자 간에는 협조보다는 경쟁 및 갈등 관계가 심화되는 경향이 있으나, 가까운 혈연이나 이해관계자가 아닌 타인에 대해서는 무관심한 경향이 점점 두드러지고 있다.

이렇게 오늘의 인간관계는 한편에서는 격화되는 경쟁이 갈등으로까지 발전하는 한편, 다른 방향으로는 타인에 대한 무관심의 경향이 증대되는 두 개의 상반된 방향으로 치닫게 된다. 특히 짧은 기간 동안 경제 압축 성장을 경험해온 우리나라에서는 사회환경 및 인간 특성의 양극화 양상이 다른 나라에 비해 빠르게 확산되고 현저해 있다.

경제 발전은 직업의 세분화·전문화를 수반하게 되는데 전문가적 소양의 성취에 소요되는 개인별 준비 기간과 집중도가 높아지게 되면서 재충전을 위한 휴식 시간에는 자신만의 쾌락과 취향을 쫓는 방향으로 집중하게 된다. 이에 비례해서 타인에 대해 관심을 둘 여유가 사라지는 사회 여건에서, 인구 구성과 산업 비중이 날로 축소되는 농업·농촌에 대한 대다수 비농민의 관심도 점차 멀어질 수밖에 없다. 그리고 농산물 수입 개방하에서 가격 경쟁만으로는 점점 더 불리해지는 우리 농업으로서는, 국내 소비자들의 우리 농업·농촌에 대한 배려와 관심 없이는 바람직한 생존이 힘들어지게 되는 여건에 내몰리게 된다. 따라서 우리 농업의 생존을 위해서는 소비자의 각별한 관심을 불러와야 하는 어려운 과제를 안게 된다.

해방 이후 수출 주도형 고도 압축 경제 성장 과정에 동참하지 못한 농업·농촌 사회는 제조업과 서비스 산업 위주의 도시 성장과 대비되는 뒤떨어진 모습을 드러내고 있다. 수출 주도형 경제 성장을 이어가기 위해 1960년대 GATT 체제에 편입되고 1995년에는 세계무역기구(WTO) 동참과 무역 장벽의 해체를 계기로 전체 경제는 눈부신 성장을 이어갔지만, 농업과 비농업 두 분야의 양극화는 더욱 현저해지게 되었다. 이에 따라 일부 높은 소득을 올리는 시설 원예 및 축산 농가 등이 존재하지만 대부분이 영세 고령 가족농으로 구성된 우리 농업·농촌은 빈곤과 소외감이 더욱 커지며, 더 이상 방치할 수 없는 매우 어려운 상태에까지 이르렀다. 특히 농업·농촌에 대한 정치적 무관심은 점점 더 현저해지는 상황에 이르고 있다. 농가인구·농촌인구의 감소로 몇몇 농촌 지역구를 제외한다면 국회의원 선거에서 그리고 대통령 선거에서 청년 문제, 부동산 문제, 영세상공인 문제, 젠더 문제, 노인 문제, 노동 문제 등에는 많은 쟁점들이 부각되고 있으나 농업·농촌 문제는 관심 사항에서 밀려나고 있다. 이제 농업 문제는 기상조건 악화로 농산물 가격이 일시적으로 폭등할 기회를 제외한다면 국민적 관심에서 멀어지고 있다.

이렇게 어려워진 농업·농촌의 해결을 위한 돌파구로 등장한 것이 '농업·농촌의 공익적 기능'의 개념이다. 공익적 기능의 내용을 구성하는 환경 보전, 대기 보전, 농촌 활력 유지, 수자원 보전, 농촌 문화 보전 등의 이면에는 깊은 뜻이 자리 잡고 있다. 이들 공익적 기능은 생산 결과물이 아닌 농업 생산과정에서 발생하는 것들이며, 생산 결과물이 아닌 이 생산과정에 대한 소비자들의 관심 속에서 자라나는 것들이다. 공익적 기능의 성공적 정착은 농민만이 홀로 만들어가는 것이 아니라 도시의 소비자를 포함하는 모든 국민이 보내는 관심 속에서 함께 만들어 가는 것이며, 함께 만들어가는 이 관계는 농민과 소비자 양자 사이의 원만한 연결과 이를 위한 소통에 의해서 만들어갈 수 있음을 깨우치는 것이 바로 그 깊은 뜻의 핵심이다.

여기서 말하는 공익형직불제의 성공적 정착이란 농산물 가격보조를 규제하는 WTO체제하에서 쌀값정책의 난관을 피하기 위해 겉으로는 공익이라는 명분을 내세워 최소한의 농가소득을 지지하며 정치사회적 안정을 도모하려는 편법적 수단이 아니라 진정으로 공익과 농가소득 안정이라는 두마리 토끼를 잡는 안정적인 제도로 정착함을 의미하는 것이다.

농업·농촌 문제 해결을 위해 대두된 농업·농촌 공익적 가치의 개념을 토대로 공익형직불제 도입준비에 한참 바쁠 때인 2020년 심각한 팬데믹으로 발전한 코로나19가 상륙했고 그 질병을 퇴치하는 과제가 대두하면서 농업 부문 공익적 기능의 정착 과제를 압도하기에 이르렀다. 그러나 별개인 이 두 개 사건의 해결의 길을 찾아 나서며 이 두 개 과제의 해결의 길이 일치함을 발견할 수 있었다. 그 길은 이해가 다른 사람들 사이에서 상대방에 대한 관심과 배려심의 증대로 상호 연결을 강화하고 유대감을 높여나가는 길이다. 별개인 두 개 과제의 해결의 길이 일치한다는 의미는 농업의 공익적 기능을 정착하는 길에서 부각되는 농민의 경험이 있다면 팬데믹을 극복해나가는 길에서 활용하라는 것으로 이해되어야 한다.

오늘날 우리 사회가 당면한 가장 큰 과제의 하나는 인간관계의 갈등을 풀어가는 것이다. 인간관계의 형성에서 널리 번지고 있는 무관심을 뛰어 넘어서며 갈등 관계를 풀어가기 위해서는, 갈등의 당사자 간 소통의 문을 열고 양자 간의 관심과 배려를 주고받는 연결 고리를 만들어가는 새로운 길을 개척해야만 한다.

소원해지는 인간 사이의 연결 고리를 만들어주는 가능성을 농민·소비자 양자 사이에서 찾아보기 위해 이 책이 마련되었으며, 그 이후 코로나19 전개과정에서 농업 부문이 터득한 노하우가 있다면 코로나19 팬데믹 극복에도 활용됨을 깨우칠 수 있었다. 이해관계자 사이 또는 이해상충자 사이의 양자 간의 연결 고리는 결코 우연히 만들어지는 것이 아니라 누군가가 의식을 갖고 노력을 기울여 계기를 만들 때 비로소 형성되는 것인데, 농업·농촌·농민이 터득한 것이 있다면 이 경험을 활용 가능하다는 것이 이 책의 핵심이다. 이 책에서 제시하는 해결의 길이 사회 전체의 갈등 문제를 풀어가는 데 얼마나 유용할지 의문의 여지는 없지 않으나, 사회 갈등 해소 과제의 엄중함에 비추어, 그 가능성을 향한 조그마한 틈새라도 열기 위한 바람으로 이 책은 출발했다.

그 연결 고리의 출발은 소비자가 음식물을 섭취할 때 그 원료인 농산물과 이를 생산해낸 농민을 떠올리며 생각하는 틈새를 만들어내는 것인데, 그 연결 고리의 시발점은 상호연결성이 희박한 양자 사이에서 또는 갈등 대상자 양자 간 감정의 공통점인 '공감의 존재'를 깨우치는 길이다. 이때 역지사지의 자세, 즉 타인의 마음과 같아지기 위한 자기 마음속의 방향이 상대방을 고마운 사람으로 바라볼 때, 다른 사람의 마음과 같아지는 가능성, 즉 공감의 영역은 넓어질 수 있다. 반대로 타인을 서운한 대상으로 마음의 방향으로 정할 때 공감의 영역은 축소된다.

이때 유념할 것은 두 가지이다. 첫째는 유전자의 영향을 받는 이기심의 배양은 공감의 영역을 좁히는 방향으로 작용하고 있는 데 반해, 타고난 유전자가 아닌 인간의 생후 사회생활을 통해 형성되고 커가는 또다른 인자(因子)가 존재하는데, 이 인자가 타인에 대한 관심과 배려심을 함양하는 밈(meme) 인자임이 최근 밝혀지고 있음에 유념해야 한다. 둘째는 이러한 밈의 영향이 커지고 타인에 대한 관심이 확대되는 사회가 실현되더라도 상호 무관심한 관계이거나 이해상충자 양자 간에서는 마음을 열어가는 계기가 마련되어야 하며, 그 계기는 어느 한쪽이 마음을 열어감에 누군가는 그 주도권을 발휘해야만 서로를 향한 마음의 문이 열릴 수 있다는 사실이다. 아무런 노력 없이 그냥 머물러서는 그 문이 열릴 수는 없을 것이다.

상호 무관심해지는 양자 간의 관계에서 어느 쪽이 먼저 문을 열어가야 하는지의 사례로 농업 생산자와 소비자 관계를 살펴보았다. 이때 농민·소비자 양자 간에서도 소통의 문을 누군가는 주도적으로 열어가야만 비로소 연결·소통이 실현되며, 그 위에서 '무관심에서 관심의 교환'으로 발전하고 비로소 무관심이나 갈등 상태는 해소되며 상호 이해를 향해 발전하게 된다.

이때 도시보다는 농촌 환경이 더 적합하다는 사실의 발견은, 농촌이 밈 인자의 활성화에 더 적합하고 도시 소비자가 아닌 농민이 소통의 문을 열기 위한 '선물의 출발자'가 되며 소통을 열어가는 주도자가 될 가능성이 높다는 것을 의미하는 것이다. 이 시대 어려운 과제를 풀어가는 측면에서 농민에게는 영광스러운 기회가 될 수 있지만 쉽지 않은 과제이다.

마무리 글

이 소중한 기회를 열어가며 농민과 소비자 모두에게 유익함을 제공하는 사례로 로컬푸드 직매장(또는 '신토불이' 명칭의 매장)이나 지리적 표시제 등의 여러 사례가 등장하고 있다. 이때 그런 계획을 마련하고 추진하는 정부 기관이나 관련 조직들은, 상대적으로 많은 고령 농민이 존재하는 오늘의 농촌 사회의 여건과 농민 사기가 어떤지를 살피는 데 깊은 배려가 필요하다.

사실 오늘의 많은 고령 농민들은 생산 가능 연령을 기준으로 할 때 농업 정책의 대상이 되기보다는 오히려 사회보장 정책의 대상이 될 개연성이 크다. 이와 관련해서 날로 늘어나는 농촌 고령 농민이 사회복지 대상이 되는 시기를 최대한 늦추며 이들의 능력 일부분이라도 농업 생산 대상에 더 오래 머물게 하기 위한 노력은 우리 현실에서 큰 의미를 갖는다. 이때 도농 복합 지역의 로컬푸드 직매장(또는 '신토불이' 매장) 사례에서 등장하는 간이 비닐하우스 설치는 유용성이 크리라는 기대가 있다. 일본 산골 농협의 사례에서 보는 '문산농장(文産農場)'의 설치처럼, 농촌 고령 농민에게 생산 참여 기회를 제공하면서 공동 여가 기회도 함께 제공한다면 그 효과는 클 것이다. 또한 지리적 표시제 등 각 지역에 알맞은 사업의 확산으로 개별 고령 농민에게 알맞은 일거리 기회를 늘리는 노력도 필요하다.

이러한 시도들은 고령 농민의 낭비 가능 시간을 활용해서 생산 활동 기간의 연장을 이룩하며 이들에게 자존감도 키우면서 소득과 건강을 함께 증진시키는 귀중한 의미를 갖는다. 이 기회가 농촌이기 때문에 가능하기는 하지만, 노력과 지혜가 없이 누릴 수는 없다.

　농촌 내부에서 새롭게 나타나기 시작한 원주(原住) 농민과 새로운 귀농·귀촌인 간의 갈등이나, 다문화 가정의 문제 등은 역지사지의 정신을 토대로 풀어나가야 한다. 즉, 소통과 공감의 노력, 따스한 배려와 열린 마음의 문, 그리고 먼저 내미는 손으로 함께 이루는 공동체를 가꾸고 보살펴 나가야 할 것이다. 이와 함께 지역별로 농업·농촌의 공익적 가치가 실제 거주 농민과 비농민 사이에서 어떻게 생성되며, 그에 따르는 개별 주체들에 대한 보상의 크기와 방법은 어떻게 정할 것인지 등 농업·농촌의 공익적 가치를 둘러싼 또 다른 어려운 과제들이 등장하고 있다. 이 과제들은 중앙과 지방자치단체가 관련 전문가들과 함께 풀어나가야 할 영역의 것들이다.

　농업·농촌이 당면한 어려운 과제를 풀어가는 긴 여정에서, 농산물 유통과 소비 경로는 농민 스스로 자구 노력의 가치를 펼치며 자신의 정성을 적극적으로 소비자에게 전달하는 매우 소중한 길목이다. 이 기회는 안전성을 높이거나 또는 어떤 형태로든 농민의 정성이 담긴 선물을 소비자에게 전달하는 심정을 농민이 담아내며, 소비자·농민 양자가 상호 배려하고 소통하는 계기를 마련하는 둘도 없는 기회이다. 이 길은 다른 산업에서는 찾기 힘든 소중한 기회임도 기억해야 한다.

　농산물 유통 과정을 통해 농민과 소비자 간의 탄탄한 소통과 공감의 길이 열리게 될 때 농업의 공익형 직불제는 성공적으로 정착되고 그 위에서 우리 농업은 건강하게 성장하며 바람직한 사회 구축에도 기여하게 될 것이다.

　2020년 1월, 농업계로서는 공익적 기능이라는 낯선 개념의 도입을 앞두고 한창 바쁠 시기에 코로나19라는 전염병이 우리나라에 상륙하였다. 물론 이 두 개 사건의 시기적 일치는 우연한 일이겠지만 두 개의 독립된 문제의 해결을 향해 접근하는 길에서 과제 해결의 공통점을 발견할 수 있었다. 이를 중요한 메시지로 해석해서 그 의미가 무엇인지 신중하게 살펴 나가야 할 것임을 다시 한번 강조한다. 우리가 중요한 메시지로 받아들일 때, 이번 코로나19는 이 시대 지구촌 모두가 당면하는 불행한 사태이지만 여기서 얻어내는 교훈을 통해 이런 불행이 반복되지 않는 처방을 만들어내는 소중한 기회가 될 수 있다.

　이렇게 농업에서 출발하며 터득할 수 있는 농민 경험이 사회 전체로 퍼져나가 소통과 공감의 영역이 넓혀지고 상호 배려하는 따스한 사회로 발전하여 인간연결의 끈이 탄탄해질 때, 높아지는 사회 갈등으로 빚어지는 어려운 문제는 해결에 다가서게 될 것이다. 나아가서는 코로나19와 같은 예기치 못한 전염병이 다시는 생기지 않는 탄탄하고 건강한 사회를 이룩하게 되리라는 믿음과 함께 이를 향해 나가는 우리 모두의 실천이 널리 퍼져나가기를 바라며 이 책을 마무리한다.

부 록

2021 기본형 공익형 직불제 신청 안내

공익직불제는 농업·농촌의 공익 기능 증진과 농민의 소득안정을 위해 일정 자격을 갖추고 준수사항을 이행하는 농민에게 직불금을 지급하는 제도다. 2020년 시행돼 많은 농민들이 알고 있지만, 종전 쌀 변동직불제와 달라진 부분도 적지 않아 신청 과정에 주의가 필요하다. 2021년을 기준으로 공익직불제의 주요 내용과 신청할 때 유의점, 준수사항 등에 대해 알아본다.

(참고자료: 〈2021 기본형 공익직접지불사업 시행지침서〉, 〈2021년 기본형 공익직불제 농업인 필수 안내서〉 〈기본형 공익직불제 따라잡기〉)

Ⅰ. 사업개요

1. **사업목적**: 농업활동을 통해 환경보전, 농촌유지, 식품안전 등 농업·농촌의 공익기능 증진과 농업인의 소득안정 도모
2. **근거법령**: 『농업·농촌 공익기능 증진 직접지불제도 운영에 관한 법률』 및 같은 법 시행령·시행규칙
3. **재원구성 및 예상**: 국고 100%, 예산 2조 2,804억 8,700만원
4. **추진경과**
   - ('01) 논농업직불제 도입
   - ('03) 쌀소득보전직불제 도입

- ('05) 고정직불과 변동직불로 개편
- ('15) 쌀직불금과 밭고정직불금 통합
- ('20) 쌀직불 · 밭고정 · 조건불리직불을 '기본형 공익직불제'로 통합

Ⅱ. 자격 요건 등 주요 내용

1. 지급대상 농지

- 농업경영체 등록된 농지로, 종전의 쌀직불(1998~2000년) · 밭직불 (2012~2014년) · 조건불리직불(2003~2005년)의 대상 농지
- 또한 2017년 1월 1일~2019년 12월 31일까지 1회 이상 쌀 · 밭 · 조건불리 직불금을 정당하게 지급받은 실적이 있는 농지

2. 지급대상자

- 농업 외의 종합소득금액 합이 3,700만원 미만이고 지급대상 농지(0.1ha 이 상)에서 농업에 종사(실경작)하는 농업인 또는 농업법인
- 기존 수령자는 2016~2019년 중 쌀 · 밭 · 조건불리 직불금 1회 이상 수령자여야 함
- 신규 대상자는 후계농업인, 전업농업인, 전업농육성대상자로 선정된 자이 거나, 직불금 등록 신청 연도 직전 3년 중 1년 이상 0.1ha 이상 경작 또는 연간 농산물 판매액 120만원 이상인 농민이어야 함

3. 소농 · 면적직불금 구분

① 소농직불금

   – 농가를 대상으로 면적에 관계없이 연 120만원을 지급

   – 기본직불금 지급대상 농지 경작면적이 0.1~0.5ha이고 소농직불금 지급
 요건(7가지)을 모두 충족해야 함

소농직불금 지급요건
• 농가 내 모든 기본직불금 지급대상자의 지급대상 농지 등의 면적 합이 0.1ha 이상 0.5ha 이하
• 농가 내 모든 구성원(비농업인 포함)이 소유한 농지 면적 합이 1.55ha 미만
• 농가 내 모든 기본직불금 지급대상자 각각이 등록신청 연도 직전까지 계속해서 3년 이상 영농에 종사
• 농가 내 모든 기본직불금 지급대상자 각각이 등록신청 연도 직전까지 계속해서 3년 이상 농촌지역에 거주
• 농가내 모든 기본직불금 지급대상자 각각의 농업 외 종합소득금액이 2,000만원 미만
• 농가 내 모든 구성원(비농업인 포함)의 농업 외 종합소득금액이 4,500만원 미만
• 농가 내 모든 기본직불금 지급대상자 각각의 축산업 소득금액이 5,600만원 미만이고, 시설재배업 소득금액이 3,800만원 미만

② 면적직불금

   – 면적직불금은 지급대상 농지면적에 따라 지급

- 기본직불금 지급대상 농지 경작면적이 0.1~0.5ha이나 소농직불금 지급 요건(7가지) 중 하나라도 충족하지 못할 때 수령
- 기본직불금 지급대상 농지 경작면적이 0.5ha를 초과하고 면적직불금이 120만원 이상일 때 수령

면적직불금 지급단가   (단위: 원)

구 분	2ha 이하	2ha 초과~6ha 이하	6ha 초과
농업진흥지역 논밭	205만	197만	189만
진흥지역 밖의 논	178만	170만	162만
진흥지역 밖의 밭	134만	117만	100만

Ⅲ. 올바르게 신청하기

가. 신청 전 주의사항

- 공익직불금 지급대상 농지 중 실제 경작하는 농지만 신청하기
- 경작 농지 중 폐경 면적은 공익직불금 신청하지 않기
- 임차한 농지는 임대차 계약서를 준비해 신청하기
- 공익직불금 신청 전 변경된 농업경영체 정보는 14일 이내 변경하기

나. 신청하면 안 되는 면적

- 농작물이 생산되지 않는 아래 면적이 포함되면 해당면적은 직불금 지급대상에서 제외

- 농로, 간이저장고(33㎡ 이하), 웅덩이, 수로, 농막(20㎡ 이하), 퇴비장

Ⅳ. 준수사항 알아보기

가. 준수사항이란

기본형 공익직불금을 신청한 농업인들이 농업 · 농촌이 공익가치 향상을 위해 반드시 지켜야 할 17가지 실천활동

분야	준수사항
환경보호	• 화학비료 사용기준 준수 • 비료적정 보관 · 관리 • 가축분뇨 퇴비 · 액비화 및 살포기준 준수 • 공공수역 농약 및 가축분뇨 배출금지 • 하천수 이용기준 준수 • 지하수 이용기준 준수
생태계보전	• 농지의 형상 및 기능 유지 • 생태계 교란 생물의 반입 · 사육 · 재배 금지 • 방제대상 병해충 발생시 신고
마을공동체 활성화	• 마을공동체 공동활동 참여 • 영농폐기물의 적정 처리
먹거리 안전	• 농약안전사용기준 및 잔류허용기준 준수 • 농산물의 기타 유해물질 잔류허용기준 준수 • 농산물 출하제한 명령 준수
영농활동 준수	• 영농일지 작성 및 보관 • 농업 · 농촌 공익기능 증진 교육 이수 • 농업경영체 등록 · 변경 신고

나. 지키지 않으면

• 각 준수사항 위반시 기본형 공익직불금 총액의 10% 감액

– 동일 사항을 다음해에 반복해 위반하면 1차 위반 때 10%, 2차 위반 때 20%, 3차 위반 때 40%로 감액률 가중

– 여러 사항을 동시에 위반하면 각각의 감액률을 합산해 최대 전액 미지급

직불금 감액 예시

구 분	2021년	2022년	2023년
위반사항 (감액률)	농지의 형상 및 기능 유지(10%)	농지의 형상 및 기능 유지(20%)	농지의 형상 및 기능 유지(40%)
	–	농약안전사용 및 잔류허용기준 준수(10%)	농약안전사용 및 잔류허용기준 준수(20%)
총감액률	10% 감액	30% 감액	60%감액

다. 실천요령

① 농지의 형상 및 기능 유지

– 농작물의 생산이 가능한 상태로 토양을 유지·관리

– 농작물을 재배하거나, 휴경하는 경우 연간 1회 이상 경운

– 이웃 농지와 구분이 가능하도록 경계를 설치하고 관리

– (논농업의 경우) 농지 주변의 용수로·배수로를 유지·관리

② 농약 안전사용 기준 및 잔류허용기준 준수
- 농약관리법 시행령에 따라 적용대상 농작물·병해충에만 사용할 것
- 적용대상 농작물과 병해충별로 정해진 사용방법·사용량을 지켜 사용할 것
- 적용대상 농작물에 대해 사용시기, 사용가능횟수가 정해진 농약은 이를 지켜 사용할 것

③ 농산물의 기타 유해물질 잔류허용 기준 준수
- 농산물을 생산·유통·판매할 때 이산화황 등 식품첨가물은 식품위생법의 기준에 따라 사용
  예: 곶감, 깐 밤, 깐 도라지에 변색 방지용 이산화황을 과다 사용하면 안 됨

④ 농산물 출하제한 명령 준수
- 안전성 검사 결과 부적합 농산물 출하제한(출하연기, 폐기, 용도전환 등) 명령 준수

⑤ 화학비료 사용 기준 준수
- 농경지의 토양화학 성분 기준에 적합하도록 비료 사용

⑥ 비료 적정 보관 · 관리
  – 구입한 비료는 사용 전까지 영농창고 등 시설에 보관
  – 외부에 보관하는 경우 유출되지 않도록 봉합하여 관리

⑦ 농업 · 농촌 공익기능 증진 교육 이수
  – 농업 · 농촌의 공익기능 증진 관련 교육을 아래 채널을 통해 이수
  – 농업교육포털(www.agriedu.net)
  – 한국농업방송(NBS) 방영
  – 농림축산식품부 유튜브 계정(www.youtube.com/mafrakorea)

⑧ 마을 공동활동 참여
  – 농업환경의 보전, 농촌사회의 전통 · 문화의 보전을 위한 마을공동체
    공동활동 참여
    예: 마을 주변 영농폐기물 일제 수거의 날 운영, 추석 전 마을 대청소
  – 활동 · 감액 수준은 2024년까지 단계적으로 확대

  2021년 8시간 이상(위반 때 주의장 발부) → 2022년 12시간 이상(5% 감액)
  → 2023년 24시간 이상(10% 감액)

⑨ 영농폐기물의 적정 처리
 – 농지와 그 주변을 깨끗하게 관리
 – 폐비닐 · 폐농약병 · 폐자재 등을 버려진 채로 방치하면 안 됨
 – 활동 · 감액 수준은 2024년까지 단계적으로 확대

2021년 폐비닐 · 폐농약병 지상 방치 금지(위반 때 주의장 발부) → 2022년 폐비
닐 · 폐농약병 매립 및 소각 금지 추가(5% 감액) → 2023년 폐비닐 · 생활폐기물
지상 방치 금지 추가(10% 감액)

⑩ 영농일지 작성 및 보관
 – 재배기간 동안 매달 1회 이상 기록하고 2년 이상 보관
 – 활동 · 감액 수준은 2024년까지 단계적으로 확대

2021년 농자재 구입 영수증 보관(위반 때 주의장 발부) → 2022년 농약 · 비료
사용내역 작성 및 보관 의무 추가(5% 감액) → 2023년 기타 영농활동작성 및
보관의무 추가(10% 감액)

⑪ 농업경영체 등록 변경 신고
 – 농업경영정보 변경사항이 발생하면 14일 이내에 국립농산물품질관리원
   에 방문 또는 전화해 반드시 신고

– 신고사항: 농업인의 주소, 농지 지번, 면적, 경영형태, 재배품목, 시설현황

⑫ 가축분뇨 퇴비 · 액비화 및 살포 기준 준수
  – 액비를 충분히 부숙시켜 악취를 제거한 후 사용
  – 살포한 액비가 주변을 오염시키지 않도록 주의해 사용

⑬ 공공수역 농약 및 가축분뇨 배출금지
  – 하천, 저수지, 농업용 수로에 남은 농약이나 가축분뇨 등 무단배출 금지

⑭ 하천수 이용 기준 준수
  – 하천수를 농업용수로 사용하기 전 관할 홍수통제소에 이용 신고

⑮ 지하수 사용 기준 준수
  – 지하수를 농업용수로 사용하기 전 시 · 군 · 구 허가 취득

⑯ 생태계 교란생물의 반입 · 사육 · 재배 금지
  – 뉴트리아, 황소개구리, 돼지풀 등 생태계 교란 생물은 반입 · 사육 · 재배
    금지

⑰ 방제대상 병해충 발생 신고
 – 농경지 및 그 주변에서 규제 병해충 또는 방제대상 병해충을 발견하면
  가까운 시 · 군농업기술센터 또는 관계기관(☎1833-8572)에 신고

V. 부정수급 방지

가. 부정수급이란?
 정당한 직불금 수령 대상자가 아니거나, 실제로 농사짓는 농업인이 아님에도
거짓이나 부정한 방법으로 직불금을 신청 · 수령하는 것

나. 처벌은
 – 농업농촌공익직불법 제19조에 따라 1년 이하의 징역 또는 1,000만원
  이하의 벌금
 – 부정수급자의 기본형 공익직불금 전액 환수
 – 부정수령한 직불금의 최대 5배에 해당하는 제재부과금 징수
 – 5~8년간 공익직불금 등록 제한

본문 관련 이내수 칼럼

국민 속에 '농촌사랑' 마음 세우기

고향을 떠난 도시민들이 예전 살던 고향을 도와주고자 2008년 도입된 '고향세'가 2014년 200만 건을 넘고 4,000억 원에 육박했다는 일본 사례가 3월 11일자 〈농민신문〉에 소개됐다. 고향세를 납부한 도시민들에게는 소득세와 개인 주민세 감액으로 보상을 해준다고는 하지만 농촌을 지원하겠다는 국민 의지가 살아 있다는 점에서 매우 부러운 일이다.

지난 연말 한·중 자유무역협정(FTA) 체결에 즈음해서 대중국 수출로 이익을 보는 사업체가 농업·농촌을 도와주는 '농어업 상생기금' 1조원 조성을 위한 법률안이 국회에서 논의됐다. 그 과정에서 정부의 농촌 지원 정책을 바라보는 언론의 차가운 시선은 아직도 기억에 생생하다. 이런 언론 시각 배경에는 농업·농촌을 바라보는 국민들의 싸늘한 시선이 도사리고 있음을 가늠할 때 우리 농업으로서는 또 한 번 이웃 나라 일본의 '고향세' 사례가 부러울 수밖에 없다.

협소한 농지와 험악한 알프스 산악 등 불리한 농업 여건에도 적극적 농업 지원으로 풍요로운 농업·농촌을 유지하는 스위스 등 유럽 여러 나라의 사례는 우리 농업·농촌에 더없이 부러운 일이다.

인구에 견줘 농지 등 농업 여건이 상대적으로 불리한 와중에도 높은 농가 소득과 풍요로운 농촌을 유지하는 나라들은 두 가지 공통점을 갖고 있다. 첫째, 정부의 농업·농촌 정책이 소득이나 가격 등 계량적 성과가 아닌 풍요와 안정의 농촌을 정책 목표로 정하고 가격과 소득은 이를 실현하는 수단으로 활용하는 큰 틀 속에서 추진한다는 점이다. 둘째, 정부 지원 정책에 국민들은 거부감 없이 오히려 적극적으로 지지한다는 점이다.

정부의 이러한 농정 방향이 마련되고 실현되려면 농업인과 국민 간에 '따스한 이해의 상호교감'이 존재해야 하고, 이를 배경으로 감사와 보답의 마음이 교환돼야 할 것이다. 자기가 생산하는 농산물을 소비하는 국민을 자기 가족처럼 여겨 정성을 다해 생산하고, 농촌을 방문하거나 스쳐 지나가면서 바라보는 국민을 위해 자기 마을을 아름답게 꾸미는 '농심'을 마음으로 전달할 때 국민들은 농업인과 농촌을 아껴주고 응원하는 심정을 갖게 될 것이다.

국민들의 응원을 전해 받은 농업인들이 보답으로 다시 농심을 더 키우는 '고마움과 보답의 선순환'을 형성하는 것이 농촌이 살아나는 길이라고 할 수 있다. 이때 이 선순환의 출발점은 농업인과 국민 가운데 어느 쪽에서 찾아야 할까. 국민의 94%가 비농업 인구이고 국민의 대부분이 도시에 거주하기 때문에 편의상 도시민을 국민이라고 가정할 때 농업인과 국민 중 어느 쪽에서부터 선순환의 출발점을 찾는 것이 쉬울까.

한 인간의 생각하고 판단하는 능력은 크게 '이해타산 능력'과 타인에 대한 배려와 감동을 느끼는 '감성 능력'의 두 가지로 나눌 수 있다. 그럼 농업인과 도시민의 이해타산 능력과 감성 능력의 크기는 어떻게 구성되어 있을까. 자신이나 자식의 직업을 바꾸고 거주지를 농촌에서 도시로 옮긴 사람의 이해타산 성향이 대체적으로 높다고 본다면 한 지역에 계속 머무르며 같은 일을 계속하는 농업인들의 감성적 성향이 더욱 높으리라는 결론은 쉽게 도달 가능하다.

　도시민이 아닌 농업인으로부터 국민을 생각하는 시동을 걸어 '고마움과 보답의 선순환'을 출발시키는 길은 우리 농촌이 사는 지름길이다. 그 지름길이 열리면 국민들의 응원 속에 고향세도 도입될 수 있을 것이다. 그리고 이 지름길을 개척하는 것은 그만큼 중요하기도 하고 어려운 과제이기 때문에 누구에게 떠밀 것이 아니라 바로 농협이 그 실천을 자청해야 할 것이다. 왜냐하면 '농민의 단체'라는 고유한 특성과 나라 전체를 고려해야 하는 공익적 성격을 복합적으로 지니면서 어려운 일의 실천 능력도 갖춘 데가 바로 오늘의 우리나라 농협이기 때문이다.

사단법인 향토지적재산본부 이내수 이사장
농민신문 칼럼, 2016. 4. 4.

잔치국수 건지는 포크

요즘 결혼식 잔치 음식은 순서에 따라 한 가지씩 나오는 양식이 대세인 듯하다. 얼마 전 참석한 피로연도 양식이었는데, 음식이 끝나갈 무렵 잔치국수가 올라왔다. 준비된 젓가락이 없어 포크로 국수를 떠먹었지만, 혼주의 배려를 느낄 수 있었다. 양식이기는 하나 우리 전통 잔치의 흔적을 내려는 뜻에 따라 국수만이라도 마련한 듯했다.

가족 관혼상제에 따라오는 음식은 한 나라 음식 문화의 꽃이다. 특히 인생의 중대한 고비가 되는 행사 자리에 올라오는 음식은 그 자리에 초대받은 손님들에게도 오랫동안 기억에 남을 만한 맛과 멋을 뽐내는 뜻깊은 음식이다. 이러한 귀중한 기회를 서양 음식에 점령당하게 되면, 우리 음식 문화를 외세에 뺏기면서 결국 우리 문화 전체가 허물어지는 결과로 이어질 위험이 커진다.

우리 음식 문화의 전통은 독상으로 준비하는 '한상차림'이 원래 모습이다. 요즘 흔하게 볼 수 있는 여럿이 함께 나눠 먹는 '두레상차림'은 부녀자들의 노동력을 절약하기 위해 일제 강제점령기에 도입된 것으로 알려졌다.

우리 음식의 원래 형태인 한상차림으로 준비한다면 두레상차림보다는 원가가 오르겠지만, 양식의 코스 차림에 비해서는 음식 분배의 인건비를 절약할 수 있어 더 좋은 재료를 쓸 수 있을 것이다. 뜨거워야 제맛이 나는 한두 가지 음식은 상마다 별도로 제공해서 나눠 먹는 방식으로 한상차림을 보완할 수 있다.

수입 농산물의 홍수 속에서 점점 국산 농산물의 판로가 위축되고 있다. 우리

275

농산물의 생존을 위해 잔칫상 차림은 놓칠 수 없는 기회다. 이때 잔칫상에 오르는 음식을 소개하는 '식단 메뉴 쪽지'를 눈여겨볼 만하다. '오늘 음식은 우리 몸에 좋은 우리 농산물을 원료로 정성을 다하는 신토불이 정신으로 준비했습니다'라는 내용의 쪽지를 보는 순간 그 잔치는 신토불이 정신의 응원에 힘입어 축복의 뜻을 한껏 높일 수 있다.

사실 신토불이운동에는 우리 땅에서 난 농산물이 우리 몸에 좋다는 영양적인 측면과 함께 농산물을 정성껏 기른 농민의 마음을 느끼자는 뜻이 담겨 있다. 이 단어는 1980년대 말 전개한 농협의 신토불이운동이 없었더라면 국어사전에 오르지 못했을 것이다. 우리 소비자들이 신토불이라는 단어를 접하면서 그 근원을 알게 되면 될수록 농협도 국민 속에서 더 큰 힘을 얻을 수 있을 것이다.

우리 농산물에 대한 국민의 관심과 애정이 커질수록 우리 농업·농촌의 생존 가능성은 커질 수 있다. 하지만 반대로 우리 농산물에 대한 관심이 식을 때 우리 농업·농촌은 설 자리를 상실하게 되며, 우리 고유한 전통문화의 한 축도 함께 함몰되는 운명을 맞이하게 될지 모른다.

농산물 수입 개방에 대비해 우리 농산물에 대한 국민의 관심과 사랑을 불러오고자 지금으로부터 거의 30년 전에 전개했던 농협의 신토불이운동을 다시 한번 펼치자는 목소리도 나온다. 농업·농촌의 숨통을 조이는 불안 요소가 점점 가중되는 가운데 신토불이라는 용어 사용이 줄어든다면 얼마나 안타까운 일이겠는가?

특정 언어의 사용 빈도가 감소하면 그 언어가 상징하는 의미도 점차 국민 머릿속에서 사라지게 되면서 결국 그 의미와 연결된 행동도 같은 길을 걷게 마련이다. 즉 신토불이란 단어를 덜 사용하게 될수록 신토불이 개념과 그 운동의 결과인 우리 농산물 구매 빈도 또한 사그라지는 운명에 처하리라는 예언이 가능하다.

우선 농협 임직원들부터라도 가족 관련 잔치에서 우리 농산물을 사용해 한식으로 상차림을 하도록 힘쓰는 일이 시급하다. 이러한 길을 실천함에는 정부의 협조와 응원이 필수적이다. 예를 들어 예식장의 주방 구조를 한식에 적합하게 고치도록 하는 것이다. 조리사의 훈련 등에 필요한 자금과 행정 조치 등은 농협의 힘만으로는 불가능하다.

우리 농업 · 농촌의 생존을 위한 길을 열어가고자 적극적으로 의견을 개진하고 행동하는 일에 농협이 앞장서야겠지만, 우리 농산물이 소비자인 국민에게 다가서는 길목에는 항상 정부가 결정적인 역할을 수행하기 마련이다.

사단법인 향토지적재산본부 이내수 이사장
농민신문 칼럼, 2017. 4. 7.

농촌에 띄우는 '청계천 메시지'

거의 반세기 동안 콘크리트 덮개 아래를 헤매던 물줄기가 지상으로 떠오른 청계천을 보기 위한 인파가 한겨울에도 이어지고 있다. 암흑에서 벗어나 하늘을 보게 된 새로워진 모습에 대한 호기심도 크겠지만 서울 도심 한복판을 유유히 흐르는 시냇물이 연출하는 극명한 대조의 매력 또한 사람을 불러모으는 힘이 되었을 것이다.

지하에서 지상으로의 위치 변화와 도심에서 시냇물이 엮어내는 대조성이라는 두 가지 이유만으로는 개장 15개월 만에 4,000만 명이 넘는 인파의 청계천 방문을 완전하게 설명하진 못할 것이다. 사람이 그리운 농촌으로서는, 그리고 청계천 규모의 시냇물이라면 얼마든지 있는 농촌으로서는 청계천이 사람을 끌어오는 힘이 어디서 생긴 것인지 곰곰이 생각해볼 만한 일이다.

물줄기의 크기로 치면 청계천보다 훨씬 크고 접근성도 어느 정도 갖춘 한강에 대해서는 덤덤하던 사람들이 청계천에 환호하는 것은 아마도 깨끗한 물에 대한 매력 때문이 아닐까 싶다. 여름 휴가철 수도권 피서객들이 그 심각한 교통난을 겪으면서도 가까운 서해보다는 멀리 떨어진 동해로 몰리는 이유도 결국은 깨끗한 물이 주는 매력 때문이라는 것을 상기한다면 깨끗한 청계천의 물줄기가 사람을 끄는 힘의 원천이라는 추리가 탄력을 얻는다. 지하철역에서 샘솟는 지하수와 뚝섬 침전지를 거친 한강물을 활용하여 깨끗한 물을 유지하는 것이 바로 청계천 매력의 기본인 것으로 보인다.

청계천이 갖는 또 다른 힘은 주변의 복원된 생태계이다. 즉 시냇물 속의 송사리가 꽃과 물과 조화를 이루면서 잘 정돈된 산책로와 쉼터 등이 엮어내는 생태계와의 공존이 청계천의 방문 가치를 한층 더 높이고 있다.

농촌 인구 감소로 활력을 잃어가는 농촌으로서는 휴식을 위해 찾아오는 도시민들의 의미는 매우 크다. 특히 주5일제가 확산되고 한편에서는 현대 도시인이 풀어야 할 스트레스는 더욱 심화돼 농촌 방문객 증가의 여건이 성숙되고 있는 이때, 새로운 모습의 청계천에서 농촌이 참고할 만한 것은 없을까. 특히 지역 경제의 활성화를 방문객의 증가를 통해 모색하고자 하는 농촌이 있다면 평일에도 하루 평균 5만~6만 명이, 그리고 주말이나 공휴일에는 15만 명을 웃도는 청계천에서 읽어야 할 것이 무엇인지 생각해볼 필요가 있다.

새로워진 청계천이 내방객을 기다리는 농촌에 보내는 첫 번째 메시지는 깨끗하고 정돈된 농촌이다. 청계천의 방문객이 환호하는 깨끗한 물은 저절로 존재하는 것이 아니라 깨끗한 농촌에서 비롯되는 것이라면, 살아 있는 생태계와 조화를 이루어 잘 정돈된 모습의 농촌이야말로 현대 생활의 팽배된 긴장감의 해소가 필요한 도시민들을 끄는 강한 매력이 될 수 있다.

홍수가 휩쓸고 간 물줄기를 따라 늘어선 나뭇가지에 셀 수 없이 매달린 비닐 조각, 언뜻 보기엔 맑은 듯하나 가까이서 보면 생활과 산업의 흔적이 배어 있는 냇물 등은 안타깝지만 도시민의 마음을 끌기엔 거리가 멀다.

새 모습의 청계천이 농촌에 주는 두 번째 메시지는 자기만의 개성을 가꾸어내는 마을의 모습이다. 지상으로 올라온 청계천의 맑은 시냇물이 도시 한복판

과 대조되면서 연출하는 청계천의 독특함은 일반적인 농촌마을로서는 흉내 낼
수 없는 요소들이다. 그러나 제각기 독특한 아름다움과 깊은 의미를 지닌 자연
적ㆍ역사적ㆍ문화적 유산을 구비한 농촌 지역이 수없이 많다. 다만 이러한 유
산들을 소중하게 가꾸는 주민들의 노력이 결실을 맺지 못해 빛을 발하지 못하
고 있을 뿐이다.

늘어난 도시민의 여가 수요를 우리 농촌이 충족시켜주지 못할 때 그 결과는
국가 경제에 큰 손실이 된다. 도심의 쾌락 속에서 보내는 도시민의 여가 활동이
늘어날수록 그리고 비싼 외화를 소비하는 해외 여행객이 늘어날수록, 지역 불
균형은 더욱 심화될 것이며 도시민의 피로감은 오히려 더 쌓여만 갈 것이다.

사단법인 향토지적재산본부 이내수 이사장

헤럴드경제 칼럼, 경제광장, 2007. 2. 1.

터지는 꽃망울 국민 곁으로

여러 차례에 걸친 매운 꽃샘추위도 꽃망울이 터지는 힘을 막을 수는 없다. 아무도 돌보지 않아도 산에서 들에서 자연과 더불어 스스로 피어나는 꽃들도 인간에게 기쁨의 선물을 주지만, 밭이나 온실 속에서 농민의 보살핌으로 피어나는 꽃망울도 우리의 마음을 즐겁게 하고 정서를 키우기는 마찬가지다.

식용으로 이용되는 대개의 농산물은 1인당 소비량이 제한을 받아 수요를 늘리는 데 한계가 있지만, 인간의 감성과 관계되는 매개체를 생산하는 화훼 농업은 그 한계를 신축성 있게 극복할 수 있는 유리한 위치에 있다.

그러나 우리나라 화훼 농업을 한 차원 끌어올리기 위해선 화훼 유통의 잘못된 관행을 바로잡는 것이 무엇보다 중요하다. 화훼 수요 증대에 걸림돌이 되면서, 꽃이 국민 생활 속에 뿌리내리는 데 저해 요인이 되는 비뚤어진 유통 관행은 바로 경조사에 사용되는 화환의 사후 처리에서 발생하고 있다.

연간 1조 원에 달하는 화훼 유통량 중 절반은 절화가 차지하며, 이 중 70%는 결혼식과 장례식의 경조사용이다. 그런데 이들 화환이 몇 번씩 재사용되면서 꽃을 통해 기쁨과 슬픔을 실어 보내는 사람의 정성을 훼손할 뿐만 아니라 화훼 유통을 왜곡시키는 부작용마저 낳고 있다.

한번 사용된 결혼 축하 화환이 심지어 입찰을 거쳐 재사용되는 사례를 막고 꽃을 국민 곁으로 이끄는 방법은 새로운 개념의 화환틀(받침대)을 만드는 것에서부터 출발해야 한다고 생각한다. 예식장에 고정적으로 비치해 꽃만 갖고 가서 진열하는 단단한 받침대도 대안이 될 수 있겠지만, 꽃병처럼 꽃을 꽂을 수 있는 여러 개의 작은 용기를 조립하는 화환틀 형태의 받침대도 가능하다. 받침대의 모형은 결혼식에 어울리도록 아름답고 화려하게, 그리고 장례식의 경우는 엄숙한 형태로 설계할 수 있을 것이다.

국민이 꽃과 함께 예식에 참여하는 방법은 혼례와 장례에서 꽃의 의미가 다르다는 사실을 염두에 두면 쉽게 이해할 수 있을 것이다. 결혼식의 경우 물에 잠겨 싱싱한 모습으로 결혼식을 장식한 꽃송이들은 식이 끝난 후 하객들이 송이송이 가져갈 때, 축하의 뜻을 여러 사람이 나누어 갖는 아름다운 의식으로 이어질 수 있다. 조립식 형태의 받침대는 식이 끝난 후 용기를 해체해 간편하게 화원에서 회수할 수 있는 편리함도 있다.

한편 장례식에서는 문상객들이 꽃을 송이 단위로 마련하여 식장까지 지참해서 식장에 마련된 큰 화환틀에 매달린 물이 담긴 꽃병 같은 용기에 차례로 꽂아넣도록 하는 것이다. 싱싱하게 보관된 꽃들은 장례식이 끝나고 장지로 이동할 때는 꽃만 뽑아서 간편하게 옮길 수 있다. 대개는 묘소가 농촌 지역에 위치하기 때문에 조위의 역할을 다한 꽃들은 퇴비 제조를 위한 부자재로 재활용될 수 있어 환경오염 문제도 해결된다.

인생길에서 기쁨과 슬픔의 절정을 이루는 혼례와 장례에 꽃이 생활 속으로 들어서는 유통 관행이 정착될 때 우리 화훼 농업은 더욱 밝은 미래를 만들어갈 수 있다. 새봄을 맞이하여 이제 막 터지기 시작한 꽃망울이 국민 곁으로 다가가는 새로운 형태의 화환틀의 보급을 위해선 잘못된 관행의 단속보다는 인센티브의 제공이 더욱 적합한 정책 수단이 될 수 있다.

결혼식 분위기와 조화를 이루며 식후에는 하객들이 꽃송이를 쉽게 나누어 가질 수 있는 새로운 화환틀이, 그리고 한편에서는 장례식에 어울리면서 식후에는 꽃들만 장지로 간편하게 운반할 수 있는 틀을 고안하기 위한 정부의 노력이 긴요하다. 소비자에게 새로운 유통 방법의 장점을 홍보하는 시범 예식장의 운영도 효과적일 것이다. 조문객들이 송이 단위의 국화꽃을 쉽게 살 수 있는 판매장 확충이 필요하다면 도시지역 곳곳에 위치하면서 화훼 농업을 지원하는 농협의 점포를 활용할 수도 있을 것이다. 농협의 농산물 판매 시설과 일부 금융 점포까지 꽃 소매점으로 활용될 때 농협 점포의 분위기도 살리면서 화훼의 국민생활 밀착화에 기여하는 일거양득의 효과를 거둘 것으로 기대된다.

사단법인 향토지적재산본부 이내수 이사장
헤럴드경제 칼럼, 경제광장, 2007. 3. 15.

생태계에서 배우는 농협의 생존

가뜩이나 농업 · 농촌 여건도 어려운데, 농협은 신경 분리라는 조직 개편 후 유증으로 더욱 힘들어지고 있다는 게 최근의 〈농민신문〉 소식이다.

가장 큰 어려움 가운데 하나는 금융 업무를 독립법인인 주식회사로 갈라놓은 결과 직원들의 협동조합 정신이 희박해져 간다는 내용이다. 자본주의 체제를 지탱하는 대표적 경제조직인 주식회사를 결성하고 운용하는 연결 고리는 자본 이다. 이 자본의 특성은 메마르고 냉혹하며 경제적 잣대로 나타나는 이해관계 를 철저히 따른다는 점이다. 메마르고 냉혹한 정도는 소설 속에 등장하는 고리 대금업자의 메마른 눈물 수준을 넘어선다. 요즘은 형제간이나 부자간의 다툼이 법정을 향할 정도로, 혈연도 집어던지는 경지에까지 이르고 있다.

이에 비해 자본 여건이 불리한 경제 주체들이 조직하는 협동조합의 특성은 그 조직의 연결 고리로 자본보다는 사람을 앞세운다. 이해관계를 따르는 자본 에는 생명이 없지만, 협동조합을 묶어주는 중심 가치인 '사람'에는 피와 눈물이 흐르는 '생명'이 존재한다.

협동조합 조직의 중심 가치인 사람끼리의 관계를 확실하게 묶어주기 위해서 는 서로 떨어지기 쉽지 않은 '끈끈한' 수준까지 끌어올려야 할 것이다. 끈끈하 다는 표현에서 특이한 식물인 '끈끈이주걱'의 생존 방법이 떠오른다. 식물이 동 물의 먹잇감이 되는 일반 생태계에서, 끈끈이주걱은 끈끈한 액체를 매체로 곤

충을 먹잇감으로 하여 생존하는 식물이라는 점에서 매우 특이하다. 이 독특한 생존 방법에서 오늘의 우리나라 농협이 살아가는 또 다른 지혜를 얻을 수는 없을까?

끈끈한 인간관계를 조직의 중심으로 해야 하는 농협이, 끈끈함을 생존 방법으로 채택하는 *끈끈이주걱*으로부터 얻을 수 있는 지혜는 하나만이 아닐 듯하다.

오늘날 우리나라 농협은 협동조합이라는 큰 틀 속에서, 주식회사 모습의 지주회사를 품으면서 조직의 연결고리로서 한 축을 차지하는 자본의 힘이 커진 것이 사실이다. 그러나 이 지주회사는 협동조합이라는 울타리를 벗어날 수는 없다. 동물을 먹잇감으로 살아간다고 해서 *끈끈이주걱* 자신이 동물로 변하는 것이 아닌 것처럼, 금융지주가 운영상의 능률 향상을 위해 주식회사 형태를 갖췄다 하더라도 협동조합의 틀을 완전히 벗어난 것은 아니다.

만일 *끈끈이주걱*이 하늘을 나는 곤충처럼, 네 발로 기어가는 네발짐승처럼 다른 곳으로의 이동을 위해 그 뿌리를 땅에서 분리시킬 때 *끈끈이주걱*은 더 이상 벌레도 삼킬 수 없게 될 뿐만 아니라 얼마 지나지 않아 말라 죽게 될 것이다.

협동조합에서의 인간관계 기본은 물론 조합 지배 구조를 이루는 조합원 간의 관계에서 출발하는 것이지만, 조합 경영의 책임을 맡은 임직원과 조합원 간의 관계에도 협동조합을 이룩하는 두터운 인간관계인 '끈끈함'은 연장돼야 할 것이다. 이때 관계 구성의 핵심 가치는 조합원의 편익이 되어야 한다. 농협이라는 울타리 안에 있는 지주회사와 그 자회사의 운영에서도 이 정신은 승계돼야 하며, 이러한 특성에서 벗어나는 농협 울타리 내 조직은 생명력을 상실하고 만다.

여러 형태의 농협 조직이 유통 거래자 · 금융 거래자 등의 이용자와 맺어가는 관계에까지 '끈끈함'이 이어질 때 농협은 견고한 조직 위에서 활발한 미래가 보장될 것이다.

조합원 · 임직원이 '끈끈함'으로 전후좌우의 인간관계를 맺어가는 바탕이 당사자의 얄팍한 이해관계를 좇는 것이 아닌 농민 조합원을 위하는 정직함으로 뒷받침되어야 함은 물론이다.

사단법인 향토지적재산본부 이내수 이사장
농민신문, 사외칼럼, 2016. 8. 19.

한류 열풍과 농촌의 가치

새해에도 한류(韓流) 열기가 지구촌 곳곳을 뜨겁게 달구고 있다. 1999년 방영된 텔레비전 드라마 〈별은 내 가슴에〉와 2002년 〈겨울연가〉가 일본 열도를 휩쓸 때만 해도 한류의 열풍이 중국과 동남아시아를 넘어 유럽과 미국 · 중남미에까지 확산될 것이라고 생각한 사람은 드물었다. 그러나 한류가 빠른 속도로 확산되고 그 내용도 다양해지면서 그동안 잘 몰랐던 우리의 재능과 문화의 잠재력에 새삼 놀라게 된다. 이로 인해 우리 국민 모두는 큰 자부심을 느끼고 사기 또한 높아지고 있고, 그 역동적인 힘은 최근의 경제침체를 이겨 나갈 원동력으로 작용하게 될 것이다.

외국인들이 열광하고 있는 한류의 첫 번째 물결이 드라마에서 시작된 것이라면 두 번째 물결은 K-팝을 중심으로 한 신세대의 대중문화로 꽃피우고 있다. 그 뒤를 이어 최근에는 김치 · 고추장 · 비빔밥 · 불고기 등 우리 고유의 전통식품은 물론이고, 가전 제품 등 공산품과 의류 디자인, 가방 등 패션 제품에 이르기까지 다양한 분야에서 거센 한류의 세 번째 물결이 몰아치고 있다.

올해 들어서도 이 같은 한류의 열기는 계속 확산될 전망이다. 무엇보다 눈에 띄는 것은 우리의 의류브랜드가 명품 대접을 받으며 세계 속으로 파고들고 있다는 점이다. 중국 상하이 중심부 대형백화점에서는 국내 의류 제품이 세계적 명품들과 어깨를 나란히 하며 매출 상위권을 유지하고 있다. 베트남 하노이 중심가 의류 매장에 들어서면 한국 점포에 들어온 것으로 착각할 정도로 우리나라 제품들로 꽉 채워져 있다고 한다.

우리나라 의상 디자이너의 활약도 괄목할 만하다. 미국 뉴욕에서 한국인 디자이너가 출시한 옷이 미국뿐만 아니라 전 세계 1,000여 매장에 입점하는 기염을 토했다고 한다. 이외에도 미국에서 의상 디자이너로 성공한 한국인은 5~6명에 달하고, 오프라 윈프리도 한국인 디자이너의 옷을 입었다고 해서 화제가 되기도 했다. 이렇게 한국 디자이너들이 성공을 거둔 배경에는 미국 사회가 한류에 대한 관심이 높아지면서 한국 문화를 새롭게 인식하고 있다는 점과 디자이너들이 우리 고유의 전통적인 미를 재해석하는 독창성을 발휘한 것이 주효한 것으로 이해할 수 있다.

우리 디자이너들이 활약하는 무대는 의류뿐만 아니라 패션제품의 꽃인 핸드백 시장으로까지 확장되고 있는데 이는 프랑스 · 이탈리아 등 세계의 유행을 선도하는 나라로의 진입 가능성을 뜻하는 것이다. 이런 한류의 힘은 화장품이나 치약 같은 생활용품으로까지 확대되고 있는데 한국인이 쓰는 모든 것을 세계가 동경하는 그런 날도 멀지 않은 것 아닌가 하는 생각마저 들게 한다.

오늘의 이러한 한류는 다양한 각 분야에서 세계인을 상대로, 그들의 감각을 읽어내고, 그들의 정서에 부합하면서도 우리 전통의 깊은 맛을 살려내는 피눈물 나는 노력을 한 많은 사람들이 있기에 가능했다. 그러나 무엇보다 우리의 고유한 전통 유산이 없었다면 과연 오늘의 한류가 있을 수 있었을까 묻지 않을 수 없다.

한류가 한시대의 유행으로 끝나지 않고, 더 발전적으로 생명력을 유지해나가기 위해서는 우리의 고유한 전통을 지키는 농촌의 가치와 역할에 대한 인식을 새롭게 하고 지원을 아끼지 말아야 할 것이다.

사단법인 향토지적재산본부 이내수 이사장
농민신문 칼럼, 2012. 1. 30.

참고문헌

● 1장

1. 김태훈, 공익형 직불제 어떻게 접근할 것인가?,
   농업 · 농촌의 뉴웨이브(New Wave) 르네상스는 올까?,
   농업 · 농촌의 길 2019 조직위원회

● 3장

1. 농협중앙회, 한국농협 50년사, 1961~2011, 2011.9.5
2. 농협동인회, 한국종합농협운동50년 Ⅰ, 2017.2.15

● 4장

1. 이지영 번역, 이솝 이야기 Ⅰ, 5판, 2017.4.28, ㈜미르북컴퍼니
2. 한국농촌경제연구원, 2018년 국민들은 농업 · 농촌을 어떻게 생각하였나?
3. 임정빈, 농업의 다원적 기능 확산의 필요성과 실천 과제, 2018년도 한국농업
   경제학회 하계학술발표대회, 2018.6.26

● 5장

1. 리처드 도킨스(Richard Dawkins) 저, 홍영남 · 이상임 역,
   이기적 유전자(The Selfish Gene), 2018, 을유문화사
2. 나홍식 저, What Am I, 2019.6.25, 도서출판 이와우

3. 알렉산더 버트야니(Alexander Batthyany) 저, 김현정 역, 무관심의 시대,
   2019.11.28, 나무생각
4. 마르셀 에나프(de Marcel Hénaff) 저, 김혁 역, 진리의 가격, 2018.7.23,
   도서출판 눌민

6장

1. 제랄드 폴락 저, 물의 과학, 초판2쇄, 2020.6.26, 동아시아출판
2. 김세권 · 현정환 저, 인간 심리의 이해, 2010.1.20, 공동체
3. 리차드 게리그(Richard J. Gerigh) · 필립 짐바르도(Philip G. Zimbardo) 공저,
   박권생 등 공역, 심리학과 삶, 제18판, 2009.2.25, ㈜피어슨에듀케이션코리아
4. 김정희 등 공저, 심리학의 이해, 2판 10쇄, 2004.9.20, 학지사
5. 안병익 저, 커넥터—세상을 지배하는 힘, 1판 2쇄, 2017.2.10, 영림카디널
6. 정재승 저, 열두 발자국, 초판15쇄, 2018.9.5, 도서출판 어크로스
7. 김승섭 저, 아픔이 길이 되려면, 2017.9.20, 동아시아
8. 다니엘 M.데이비스 저, 오수원 역, 뷰티플 큐어, 21세기북스
9. 김병호 저, 생각으로 낫는다, 2020.2.18, 역사비평서
10. 앤드류 와일저, 권상애 역, 건강하게 나이먹기, 2007.6.22, 문학사상사
11. 리처드 도킨스 저, 홍영남 · 이상임 역, 이기적 유전자, 2018.8, 을유문화사

참고문헌

●● 7장

1. 마르셀 에나프(de Marcel H naff) 저, 김혁 역, 진리의 가격, 2018.7.23,
   도서출판 눌민
2. 김병수 저, 신철논형(神哲論衡) I , 2017.6.11, 기쁜소식
3. 아담스미스 저, 박세일 · 민경국 공역, 도덕감정론(The Theory of Moral
   Sentiments), 개역 초판, 2009.11.11, 비봉출판사
4. 김정희 등 공저, 심리학의 이해, 2판 10쇄, 2004.9.20, 학지사
5. 박문호 저, 박문호 박사의 뇌과학 공부, 2017.11.20, 김영사

●● 8장

1. 농민신문 50년사, 1964~2014, 2014.8.15, 농민신문사

🔖 9장

1. 리처드 게리그(Richard J. Gerigh) · 필립 짐바르도(Philip G. Zimbardo) 공저, 박권생 등 공역, 심리학과 삶, 제18판, 2009.2.25, ㈜피어슨에듀케이션코리아
2. 김성훈 저, 농은 생명이고 밥이 민주주의다, 2018.6.23, 도서출판 따비
3. 고영곤 · 김호탁 · 오호성 등, 한국 농업의 장래를 연구하는 모임, 농지제도 : 문제의 본질과 대책, 1994.5.25, 농민신문사
4. 농민신문 50년사, 1964~2014, 2014.8.15, 농민신문사

🔖 10장

1. 박호성 저, 공동체론-화해와 통합의 사회 · 정치적 기초, 2014.10.1, 효형출판
2. 한국행정연구원, ISSUE PAPER 통권 70호, 사회갈등지수와 갈등관리방안, 2018

책을 덮으며

석전경우(石田耕牛)는 저자가 태어난 황해도 사람들의 특징을 표현한다. 20년 도 더 지난 정축년(丁丑年) 소띠 해에, 이서지(李瑞之) 민속화가님이 보내준 연하 장에는 면진무퇴(勉進無退)의 네 글자와 함께 우직스러운 황소 한 마리가 자리하 고 있었다. 목표가 정해지면 그 방향으로 한 발 한 발 노력하라는 격려의 뜻으로 이해했다.

이 책의 구상으로부터 탈고까지에는 오랜 시간이 걸렸다. 2002년부터 (사)향 토지적재산본부를 함께해온 회원분들과의 소중한 인연이 있었기 때문에 이 책 이 가능했으며 이분들께 깊은 감사를 표한다. 특히 이재익 전 농민신문 편집국장 과 법인의 성공을 응원해주시는 한호선 회장님께 고마움을 드린다. 이 사단법인 의 초대 이사장으로 인연을 맺은 후 불가피한 여건이기도 했지만, 어쩌다 보니 지 금까지 이사장직에 봉직(奉職)하고 있으나, 점점 어려워지는 경영 여건에서 법인 의 실제 운영을 책임지고 있는 김영민 본부장과, 김선덕 책임연구원 · 김진 주임 께 감사할 뿐이다.

1964년 봄 인연을 맺은 후 거의 40년 간의 긴 세월, 농협은 저자를 보호하며 길러준 고마운 조직이다. 조사부 초년 시절 이끌어주신 최병항 조사역님, 부지런 함이 얼마나 귀중한지 깨우쳐주신 고 윤근환 회장님, 사회생활에서 기백과 맥을 짚어내는 지혜가 무엇인지 일깨워주신 한호선 회장님, 그리고 사고의 지평을 넓 히며 이상과 현실 사이에서 조화의 길을 알게 해주신 원철희 회장님께 감사를 드린다. 농협이라는 큰 울타리 안에서 서로 격려하며 함께 일해온 동료 임직원들, 힘든 내색 없이 기쁘게 함께 일해온 후배 동인들….

고마웠던 분들은 끝이 없으며, 한 분 한 분 이름을 떠올리다 보면 이 책을 덮을 수가 없다.

농협 울타리 내에서 함께하지는 않았지만, 정부 기관과 관련 조직들뿐만 아니라 여러 농민 단체들은 물론 시민 단체들에 속해서 입장은 서로 달랐지만 농민·농업·농촌을 위하는 동일 목표를 향해 달려왔던 모든 분들께도 감사하기는 마찬가지다.

마지막으로 이 책이 나오는 데 결정적으로 은혜를 준 몇 분이 있다. 미숙하기 그지없었던 이 책의 초고를 검토해서 책의 모습을 갖추도록 도와준 고영곤 박사께 깊은 감사를 전한다. 물론 아직도 미숙하지만, 세상에 나올 수 없을 정도의 부끄러움을 면한 것은 고 박사 덕분이다. 그리고 초판 발간 때 5개월에 걸쳐 알아보기 힘들었던 난필의 원고를 정리해준 박병우 동인, 개정판 때 꼼꼼하게 교정과 함께 새로운 추세치 자료수집 및 문맥과 단어표현을 살려준 현성현 동인, 편집과 책 내용의 세세한 표현까지 도움말을 주신 박중곤 박사, 부록의 직불제 신청 요령 관련자료를 정리해 주신 농민신문사 김소영 기자, 그리고 이 책이 나오기까지 소중한 영감을 주신 후배동인들, 출판 마무리를 빈틈없이 진행한 농민신문사 간행기획부 손수정 차장과 이혜인 주임께도 고마운 마음을 전한다.

개정판

소통과 공감

농업의 공익형 직불제 정착과 팬데믹 극복의 길

초판 1쇄 발행	2020년 4월 28일
초판 2쇄 발행	2020년 7월 24일
개정판 1쇄 발행	2021년 12월 20일
개정판 2쇄 발행	2022년 3월 21일

지은이	이내수
펴낸이	이성희
기획·제작	남우균 김진철
디자인·인쇄	(주)삼보아트
펴낸곳	(사)농민신문사
출판등록	제25100−2017−000077호
주소	서울시 서대문구 독립문로 59
홈페이지	www.nongmin.com
전화	02−3703−6136, 6097
팩스	02−3703−6213

ISBN 978−89−7947−179−3 (03520)

잘못된 책은 바꾸어 드립니다. 책값은 뒤표지에 있습니다.

이 도서의 국립중앙도서관 출판예정도서목록(CIP)은 서지정보유통지원시스템 홈페이지(http://seoji.nl.go.kr)와
국가자료종합목록 구축시스템(http://kolis−net.nl.go.kr)에서 이용하실 수 있습니다. (CIP제어번호 : CIP2020015451)